基于负载均衡结构的高性能交换技术及仿真研究

申志军　编著

西安电子科技大学出版社

内容简介

本书以交换技术领域中最新的研究成果为核心，系统地介绍了基于负载均衡结构的高速交换技术方案和网络仿真的一般方法。全书分为三篇，第一篇介绍交换技术概况，分析交换技术的应用领域和发展状况；第二篇首先分析负载均衡结构的起源、发展和面临的问题，随后系统地阐述了该领域最新的研究进展和成果；第三篇重点介绍 Opnet 软件仿真中数据流模型的创建和交换技术仿真案例。

本书可作为网络科研和相关工程技术人员的参考资料。

图书在版编目(CIP)数据

基于负载均衡结构的高性能交换技术及仿真研究/申志军编著. 一西安：西安电子科技大学出版社，2018.8

ISBN 978－7－5606－4976－4

Ⅰ. ① 基… Ⅱ. ① 申… Ⅲ. ① 通信交换—研究 ② 计算机网络—计算机仿真—研究

Ⅳ. ① TN91 ② TP393.01

中国版本图书馆 CIP 数据核字(2018)第 159830 号

策划编辑 刘玉芳
责任编辑 杨 薇
出版发行 西安电子科技大学出版社(西安市太白南路 2 号)
电 话 (029)88242885 88201467 邮 编 710071
网 址 www.xduph.com 电子邮箱 xdupfxb001@163.com
经 销 新华书店
印刷单位 北京虎彩文化传播有限公司
版 次 2018 年 8 月第 1 版 2018 年 8 月第 1 次印刷
开 本 787 毫米×960 毫米 1/16 印张 8.5
字 数 167 千字
印 数 1～1000 册
定 价 25.00 元
ISBN 978－7－5606－4976－4/TN

XDUP 5278001－1

前　言

Internet 中多媒体业务流的激增，云计算、5G 等一系列新型网络服务和新型通信技术的不断涌现都使得 Internet 面临着越来越大的数据传输压力。随着未来高清数字电视和"三网合一"的逐步推进，通信网络必将承载更多的用户数据，因此，实现高速的数据传输已经成为下一代 Internet 的核心问题之一。

能否实现网络终端之间的高速通信，关键就在于由通信介质和中继设备组成的数据传输通路能否提供这种高速的数据传输能力。在传输介质方面，光通信技术，特别是密集波分复用 DWDM (Dense Wavelength Division Multiplexing)技术的发展极大地提高了光纤的数据传输带宽。但交换技术的发展却远远滞后于光通信技术的发展，这使之成为制约 Internet 性能的瓶颈。因此，提高中继设备的数据交换速率成为提高 Internet 数据传输能力的关键。

基于这种背景，本书重点介绍基于负载均衡结构的高速交换技术和相关研究领域的仿真技术。期望通过将最新、最准确的信息传递给读者来进一步推动交换技术的发展，从而提高中继系统的交换能力，提高 Internet 的数据传输带宽以造福广大网络用户。

在本书编写过程中，作者尽可能把相关知识进行归纳和总结，但由于时间仓促和作者水平所限，书中难免存在疏漏和不当之处，欢迎读者批评指正。

作　者

2018 年 1 月

目　　录

第一篇　交换技术概况 ……… 1

第 1 章　绪论 ……… 2

第 2 章　交换技术的发展历程 ……… 7

第二篇　基于负载均衡结构的交换技术 ……… 31

第 3 章　“智能维序”的负载均衡结构 SLBA ……… 32

第 4 章　基于 Flow Splitter 的负载均衡交换结构 ……… 42

第 5 章　基于二次反馈的两级交换结构 ……… 57

第 6 章　基于优先级位图的 PB-EDF 算法 ……… 65

第 7 章　“开源”方案 FFTS 和 FTSA-2-SS ……… 72

第三篇　交换技术仿真方法 ……… 83

第 8 章　仿真软件 Opnet ……… 84

第 9 章　数据流模型 ……… 86

第 10 章　OQ 仿真模型 ……… 100

第 11 章　iSLIP 仿真模型 ……… 106

附录　Opnet 常见错误及解决方法 ……… 113

缩略语(Abbreviation) ……… 117

参考文献 ……… 121

第一篇　交换技术概况

第1章　绪　　论

1.1　背景和意义

随着互联网用户数量的迅猛增长和多媒体业务流的激增，Internet 面临着越来越大的数据传输压力。据国际数据公司预测，到 2018 年全球网民数将达到 30 亿人[1]，相当于世界总人口的 40%；2015 年 2 月 3 日，中国互联网络信息中心(CNNIC)发布的《第 35 次中国互联网络发展状况统计报告》[2]显示：截至 2014 年 12 月底，中国网民规模达到 6.49 亿人，互联网普及率为 47.9%。与此同时，多媒体业务数据在 Internet 数据流中的比重越来越大，其中视频，特别是高清视频业务对网络传输带宽的消耗是惊人的。这使得网络用户对大量数据高速传输的需求与接入速率过低的矛盾日益突出。此外，随着高清数字电视和“三网合一”的逐步推进，未来的通信网络将要承载更多的视频数据，Internet 必然会面临更大的数据传输压力。因此，实现高速的数据传输已经成为下一代 Internet 的核心问题之一。

图 1-1 所示为 Internet 数据传输通路的概念化模型。从图中可以看出：网络终端存在大量的高速数据传输需求，能否实现网络终端之间的高速通信，关键就在于由通信介质和中继设备组成的数据传输通路能否提供这种高速的数据传输能力。

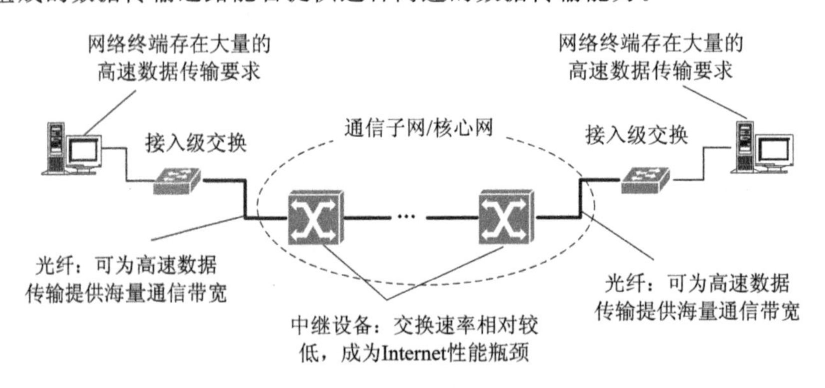

图 1-1　Internet 数据传输通路的概念化模型

在传输介质方面：光通信技术，特别是密集波分复用 DWDM (Dense Wavelength Division Multiplexing)技术的发展极大地提高了光纤的数据传输带宽。阿尔卡特公司已经在单根光纤上实现了 256 个波长复用，NEC 公司甚至实现了 274 个波长复用。每个波长的数据传输率以 80 Gb/s(OC－1536 标准)计算，256 个波长复用的单根光纤所能提供的数据传输带宽高达 20 Tb/s(256×80 Gb/s)，这就意味着光纤已经在传输介质方面为 Internet 的高速数据传输提供了可能。

在中继设备方面：截至目前中继设备的最高端口速率是由华为公司保持的 400 Gb/s[3]。这一数据表明：现有中继设备的数据交换速率远远低于光纤所能提供的数据传输率(400 Gb/s≪20 Tb/s)，这使之成为制约 Internet 性能的瓶颈。因此，有必要开展与高性能中继设备相关的技术研究以提高其数据交换速率，进而提高 Internet 数据传输带宽。

传统的交换结构中，每个时隙均需进行一次调度过程来选择合适的数据包并将其转发出去。在包长一定的情况下，提高转发速率势必要缩短时隙长度，这就意味着交换结构所容许的算法执行时间缩短了。倘若算法的复杂度高于 $O(1)$，不妨设为 $O(N)$(N 为交换结构输入端口/输出端口数)，则端口速率的提高所导致的算法的时域空间的缩减必然导致两个可能的结果：其一是为适应高速交换所导致算法时域空间的缩减而减少交换规模；其二是为保证一定的交换规模而限制交换速率的提高。反之，若交换结构的算法复杂度为 $O(1)$，则算法耗时与交换规模 N 无关，从而可以有效缩短时隙长度，进而支持更高的交换速率和更大的交换规模。

基于上述分析可知，若要实现高速的数据转发，就必须采用全流程 $O(1)$复杂度的新型交换结构。然而传统的交换结构因复杂度或加速比的原因无法有效满足未来的高速交换需求。张正尚教授等人提出的负载均衡结构 LB－BvN(Load Balanced Birkhoff-von Neumann switch architecture)[4, 5]采用两级 crossbar 和必要的缓冲组成，其两级 crossbar 均采用确定的、周期性的连接模式，这种具有 $O(1)$复杂度的连接模式可以有效缩短时隙长度从而使高速转发成为可能。此外，其第 1 级 crossbar 能够将到达输入端口的数据流均匀散布到中间缓存，从而使得该结构能够较好地适应自相似业务流。负载均衡结构的以上两点优势使之成为交换技术领域的研究热点。但负载均衡交换结构中数据包有可能通过不同的转发路径到达输出端，这样就可能因为中间缓存的队列长度差异而导致数据包在输出端失序。国内外研究机构为解决这一问题做了大量研究，但现有解决方案[6—13]或者复杂度过高，或者交换性能不够理想。一方面若解决失序问题的复杂度高于 $O(1)$，则必然会使整个交换流程迟滞，进而使得负载均衡结构原本的高速交换能力失去了意义。另一方面，若为片面追求全流程 $O(1)$复杂度而付出过高的性能代价也是不可取的。

基于 Internet 对高速交换的迫切需求和负载均衡结构的研究现状，本书以全流程 $O(1)$复杂度为约束条件，介绍能够满足未来高速交换需求的负载均衡交换结构。

1.2 主要内容

本书首先介绍交换技术的基本概念和应用领域，随后介绍交换技术的几类主流解决方案并针对现有解决负载均衡结构中数据包失序问题的方案所存在的复杂度过高和交换性能不够理想的现象，分别从基于时延戳[14]、基于 Flow Splitter[15,16] 和基于反馈机制[17—20] 的角度研究能够实现全流程 $O(1)$复杂度且具有更优交换性能的负载均衡结构及相关算法。

本书重点介绍的内容如下：

(1) 基于时延戳的方法提出一种"智能维序"的负载均衡交换结构(Smart Load Balanced switch Architecture, SLBA)[14]，SLBA 通过引入 crossbar 的反向通信模式和"智能维序"的重排序机制实现了全流程 $O(1)$复杂度并有效解决了数据包失序问题。

(2) 分析相关文献指出 Byte-Focal 存在复杂度、伪队首阻塞(Pseudo-Head-of-Line blocking, PHOL)和惯性服务模式等问题，在此基础上提出将 Flow Splitter 和 Byte-Focal 显式结合的负载均衡交换结构 CFSB (Combine Flow Splitter with Byte-Focal)[15]，CFSB 实现了全流程 $O(1)$复杂度并有效解决了数据包失序问题。和 SLBA 相比，CFSB 具有更简单的交换结构，且无需在交换结构和线卡之间进行额外的通信，从而得以避免在超大规模和多机柜交换环境中的长往返时间(Round Trip Time, RTT)问题。

(3) CFSB 中所采用的 Flow Splitter 和 Byte-Focal 显式结合方案无法保证数据包离开第 1 级时保持先入先出特性，这一缺陷会导致两个结果：其一是 CFSB 的重排序时延和系统时延会增加，在某些流量环境中可能会恶化；其二是 CFSB 需要在输出端设置更大容量的重排序缓存。为解决这一问题，本书提出将 Flow Splitter 和 Byte-Focal 隐式结合的负载均衡交换结构 LB-IFS(Load Balanced switch based on Implicit Flow Splitter)[16]，LB-IFS 采用双缓冲模式和两步调度策略克服了 CFSB 的缺陷，LB-IFS 同样在线卡和交换结构之间无需额外通信的前提下以全流程 $O(1)$ 复杂度解决了数据包失序问题，且其时延性能优于 CFSB 和 Byte-Focal。

(4) 尽管 LB-IFS 结构以相对简单的结构实现了较为优异的交换性能，但相对于迄今为止理论性能最优的负载均衡交换结构 FTSA (Feedback-based Two-stage Switch Architecture)[13] 而言，其交换性能仍存在明显不足。然而 FTSA 结构自身也存在着若干缺陷，如该结构需要在交换结构和线卡之间进行额外的通信，这使之无法有效应用于超大规模和多机柜交换环境，但考虑到在较为一般的交换环境中，较大的性能优势仍使其具有可观的实践价值。本书经分析发现 FTSA 还存在算法复杂度较高以及要求算法在极短的时间内完成等问题。针对这些问题，本书提出"开源"和"节流"两种方案。所谓"开源"即通过拓展算法的时域空间缓解 FTSA 对算法执行时间的苛刻限制。所谓"节流"即在算法有限的调度时间内尽可能降低算法复杂度，进而降低算法调度耗时。本书首先基于“二次反馈”的思想提出“开源”方案——DFTS (Double-Feedback-based Two-stage Switch architecture)[17]结构。相对于 FTSA 结构，DFTS 能够有效拓展算法的时域空间，且在理论上二者具有等价的交换性能。

(5) 本书将嵌入式系统中的优先级位图算法(Priority Bitmap Algorithm，PBA)与 FTSA 中的最早离去者优先算法[13] (Earliest Departure First，EDF)相结合提出“节流”方案——PB－EDF(Priority Bitmap-based Earliest Departure First)[18]算法，该算法利用 EDF 按固定的顺序检索所有 N 个队列的特点，将各缓冲队列映射为具有不同优先级的任务，在此基础上利用 PBA 以 $O(1)$ 复杂度实现调度过程。引入 PB－EDF 算法使得在反馈制负载均衡交换结构中实现了全流程 $O(1)$ 复杂度，同时 PB－EDF 算法还继承了 PBA 调度耗时为定值的优点。因 PB－EDF 的判决过程完全遵循文献[13]中的 EDF 算法，故在相同的交换环境中二者具有等价的调度性能。

(6) 由于作为“开源”方案的 DFTS 结构需要在其第 1 级调度中尽可能获得两个调度结果，故该结构无法和作为“节流”方案的 PB－EDF 算法一起协同工作。为解决这一问题，本书基于“前置反馈”的思想提出能够和 PB－EDF 协同工作的“开源”方案 FFTS (Front-Feedback-based Two-stage Switch architecture)[19]结构，FFTS 通过将反馈操作提前到数据包传输之前的方法有效拓展了算法的时域空间，但其为解决由此而带来的数据包冲突和失序问题而导致其交换性能略低于 FTSA 的理论性能。尽管如此，理论和仿真表明其时延性能依然远优于其他非反馈制负载均衡交换结构。在 FFTS 的基础上，本书还通过引入一种 2－错列对称的 crossbar 连接模式(2－Staggered Symmetry connection pattern，2－SS)提出一种改进的“开源”方案 FTSA－2－SS (FTSA using 2－Staggered Symmetry connection pattern)[20]结构，FTSA－2－SS 在获得与 FFTS 等价交换性能的前提下能够为算法拓展更大的时域空间。

(7) 使用 Opnet 网络仿真软件对交换技术仿真的一般方法，包括 Opnet 的工作机制，数据流模型建模，以及关于 OQ、iSLIP 结构的仿真示例等。

1.3 结构安排

第 1 章对交换技术的研究背景、意义、对象和目标等进行概括性的介绍，第 2 章介绍交换结构领域的研究进展，重点介绍国内外研究机构对负载均衡结构的数据包失序问题所提出的各种解决方案并分析其优势与不足。

第 3～7 章是本书的主要内容，重点介绍负载均衡结构的交换技术方案。第 3 章介绍“智能维序”的负载均衡交换结构 SLBA；第 4 章介绍基于 Flow Splitter 的负载均衡交换结构 CFSB 和 LB－IFS；第 5 章介绍 FTSA 的“开源”方案 DFTS；第 6 章介绍“节流”方案 PB－EDF 算法；第 7 章介绍“开源”方案 FFTS 和 FTSA－2－SS；第 8 章介绍 Opnet 软件的特性和工作机制；第 9 章介绍 Opnet 中的常用数据流模型；第 10 章和第 11 章简介 OQ 和 iSLIP 的仿真模型。

本书最后列出了参考文献和 Opnet 仿真常见错误的解决方法以及缩略语说明。

1.4 相关约定

为便于讲述，本书做以下约定：

(1) 交换结构的输入端口和输出端口数均记为 N，两级 crossbar 分别记为 XB1，XB2；

(2) 在不引起混淆的情况下，“输入端口”均指 XB1 的输入端口，“中间端口”均指 XB2 的输入端口，“输出端口”指 XB2 的输出端口；

(3) 序号为 i 的输入端口记为 I_i，序号为 j 的中间端口记为 M_j，序号为 k 的输出端口记为 O_k；

(4) I_i 与 M_j 相连记为 I_i-M_j，M_j 与 O_k 相连记为 M_j-O_k，I_i 通过 M_j 与 O_k 相连记为 I_i-M_j-O_k；

(5) M_j 在 t 时隙起始时刻的缓存队列状态数据记为 $QS_j(t^b)$，M_j 在 t 时隙结束时刻的缓存队列状态数据记为 $QS_j(t^e)$，$QS_j(t^b)$ 和 $QS_j(t^e)$ 都仅有 N 个 bit，其第 v 位为“1”表示 VOQ2(j,v) 非空，反之表示 VOQ2(j,v) 为空。QS 意为 Queue Status。

(6) t 时隙到达 M_j 的数据包信息记为 $ToM_j(t)$，$ToM_j(t)$ 仅有 N 个 bit 且最多只能有 1 个 bit 为“1”，其第 v 位为“1”表示到达的是输出端口为 v 的数据包，若 $ToM_j(t)=0$ 则表示 t 时隙无任何数据包到达 M_j。

(7) t 时隙到达输入端口 I_i 的数据包信息记为 $ToI_i(t)$，$ToI_i(t)$ 仅有 N 个 bit 且最多只能有 1 个 bit 为“1”，其第 v 位为“1”表示到达 I_i 的是输出端口号为 v 的数据包，$ToI_i(t)=0$ 表示 t 时隙无数据包到达 I_i。

(8) I_{i-2} 在 t 时隙开始的调度结果记为 $SR_{i-2}(t)$，SR 意为 Schedule Result，对 $SR_{i-2}(t)$ 的终裁结果记为 $FD_{i-2}(t)$，FD 意为 Final Decision。$SR_{i-2}(t)$ 和 $FD_{i-2}(t)$ 仅有 N 个 bit 且最多只能有 1 个 bit 为“1”，其第 v 位为“1”表示调度或终裁选择的是输出端口号为 v 的数据包，其值为 0 表示未选择任何数据包。

(9) crossbar 重配置时间记为 T_R，交换端口发送 N 个 bit 的数据传输至下一个端口的发送和传播时延之和记为 T_N；输出端口将 N 个 bit 的数据反馈至位于同一线卡的输入端口的传输时延记为 T_F，输入端口进行数据处理的耗时记为 T_P；一个数据包在 XB1 或 XB2 上的传输时延和传播时延之和记为 T_X。因 T_R、T_N、T_F、T_P 等均耗时极短，故记 $T^*=\max(T_R, T_N, T_F, T_P)$。

(10) 假定交换机内传输的数据包具有相同的长度。交换结构各类端口号的加减操作都要对 N 取模，即 $i-1$ 实质上表示是 $(i-1)\bmod N$。

第 2 章　交换技术的发展历程

作为交换机和路由器的关键组件，交换结构的发展已历经从时分交换到空分交换，从单级 crossbar 到多级 crossbar，从单平面交换到多平面交换等多个阶段。作为后续研究工作的基础，本章首先介绍中继系统和交换结构，而后分两大类分别讨论各种典型的交换结构及其相关算法，其中特别针对本书的重点内容——负载均衡交换技术进行深入分析。

2.1　中继系统和交换结构

将不同的网络连接在一起时必须使用相应的网络互联设备，ISO 将这类设备统称为中继系统。现有的网络互联设备依据其所工作的 OSI 层次的不同主要分为以下四种[21]：

(1) 中继器(Repeater)：中继器是物理层的互联设备，其主要功能在于恢复和放大数据信号从而物理地延长数据传输的距离。

(2) 网桥(Bridge)：网桥是数据链路层的中继设备，最初的网桥设备只能用于同类型的两个局域网之间互联，且一般以软件的形式实现其“存储转发”功能。随着技术的发展，网桥逐步演变为多端口的数据链路层交换设备，即二层交换机。二层交换机以硬件为支撑，易于实现高速交换，是局域网、园区网和城域网的主要交换设备之一。

(3) 路由器(Router)：路由器是网络层的存储转发设备，通常特指以 IP 为基础的存储转发设备。低速通信环境中的路由器主要以软件为依托进行转发。随着交换技术的发展，出现了在网络层进行交换的三层交换机，现代路由器与三层交换机之间的界限正在淡化，从而出现了路由交换机或交换路由器之类的称呼。

(4) 网关(Gateway)[22]：网关是一个较为模糊的概念，它是网络层之上的协议转换或封装设备。一个网关具体属于哪一层取决于它涉及的协议转换与封装层次。

通常，二层以上的中继设备都采用存储转发的工作方式，如图 2-1 所示，其结构[23]可以用输入单元、输出单元和交换结构(包括调度与仲裁机制)来描述。从某种程度上讲，交换结构的性能优劣决定着其转发性能，因此，研究能够适应未来高速交换环境的交换结构就成为 NGI 的核心技术之一。

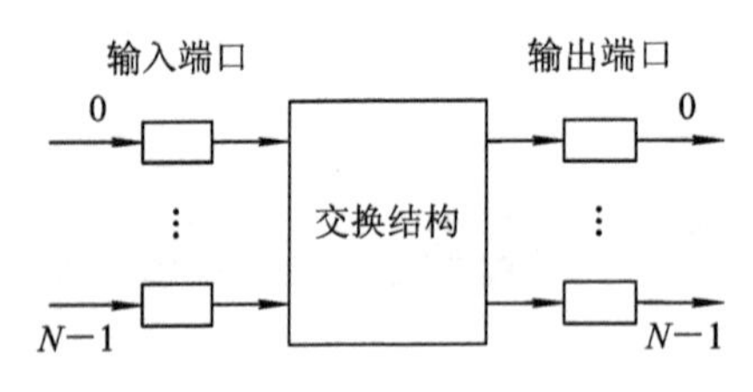

图 2－1　交换结构示意图

交换结构可分为时分交换结构(Time－Division Switching，TDS)和空分交换结构(Space－Division Switching，SDS)[23]，如图 2－2 所示。

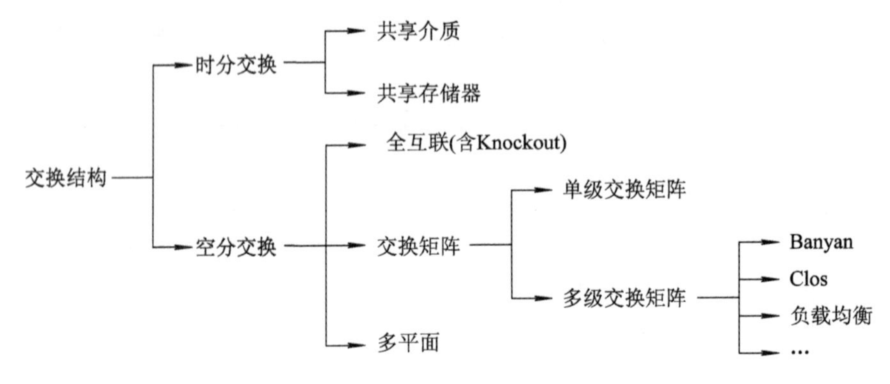

图 2－2　交换结构的分类

TDS 结构中各输入端口的信元通过时分复用的方法通过一个公共的数据通道转发数据包，这就决定了该数据通道必须与所有输入端口和输出端口相连，共享介质结构和共享存储器结构[24－27]是两种典型的 TDS 结构。

SDS 结构的典型特征是在无冲突的情况下，输入端口和输出端口均不同的多个信元可在同一时刻经不同的转发路径到达输出端。理论上其传输带宽等同于单个传输通路的传输带宽与通路数量的乘积，但实践中 SDS 结构往往受到芯片引脚数目以及背板连接等问题的限制。

2.2　时分交换结构

2.2.1　共享介质

共享介质型的交换结构如图 2－3 所示，所有输入端口均直接与一条公共的高速总线(环)相连，信元到达各输入端口后通过时分复用汇集到该总线(环)，同时与之相连的地址过滤器(Address Filter，AF)检测到达公共总线上的所有信元并只允许目的地址为本端口的信元进入相应的缓存中等待转发。图 2-3 中的输出端缓存以 FIFO(First In First Out)模式为例。

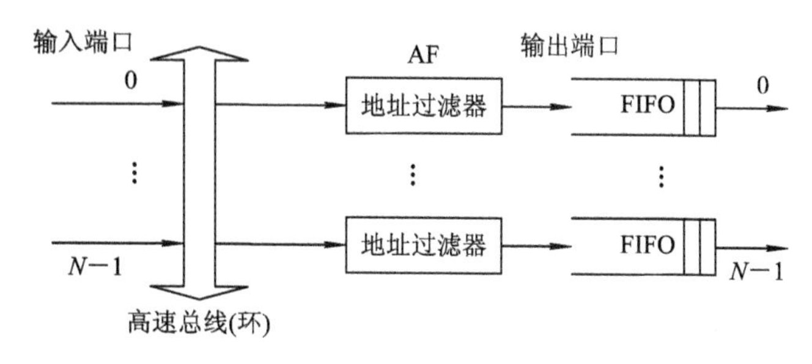

图 2-3　共享介质型交换结构

TDS 结构具有结构简单、易于实现的优点，同时能够方便地支持多播操作。但由于 TDS 结构要对所有到达输入端口的信元进行时分复用的处理，故对其内部通信带宽要求较高，这一缺陷限制了其交换规模的扩大。在极端情况下，可能会有 N 个目的端口相同的信元同时汇聚到公共总线。此时，在一个时隙内输出端口的 FIFO 必须完成 N 个信元的写入和 1 个信元的读出操作，若将一个时隙的时间记为 T_{SLOT}，将存储器的存取周期记为 T_{MEM}，则该存储器必须满足：

$$(N+1)\leqslant\frac{T_{\mathrm{SLOT}}}{T_{\mathrm{MEM}}} \tag{2-1}$$

公式(2-1)表明 T_{SLOT} 和 T_{MEM} 决定了共享介质结构的交换规模。对于信元长度为 64 字节、端口速率为 40 Gb/s 的共享介质结构而言，T_{SLOT} 仅为 12.8 ns，若 T_{MEM} 为 2 ns，必有 $N\leqslant5.4$，即交换端口数不能超过 5。

2.2.2　共享存储器

共享存储器结构[24—27]将到达各输入端口的信元通过时分复用的方法缓存于公共的存储器，而后通过集中式调度算法将存储器中的信元分别调度至各自的输出端口，其结构如图 2-4 所示。共享存储器结构的优势同样是逻辑简单，易于实现，且由于其存储器为所有端口共享，故其利用率相对较高。其缺点是对存储器的存取速率要求较高，极端情况下需要在一个时隙的时间内完成 N 个信元的写入和 N 个信元的读出操作，即共享存储器必须满足：

$$T_{\mathrm{MEM}}\leqslant\frac{T_{\mathrm{SLOT}}}{2N} \tag{2-2}$$

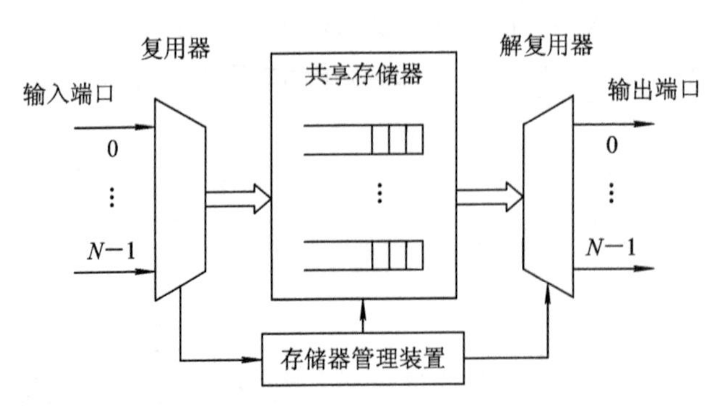

图 2-4　共享存储器型交换结构

若信元长度为 128 Byte，端口速率为 10 Gb/s，交换端口数 N 为 64 时，则要求 $T_{MEM} \leqslant 0.8$ ns。典型的共享存储器交换结构如 Growable switch[28]、Multinet switch[29]、Siemens switch[30] 和 Alcatel switch[31] 等。

2.3　空分交换结构

2.3.1　全互联型交换结构

所谓全互联(Fully Inter-connected)即在每个输入端口和每个输出端口之间都有一条独立的数据转发通路，其两种实现方式如图 2-5 所示。

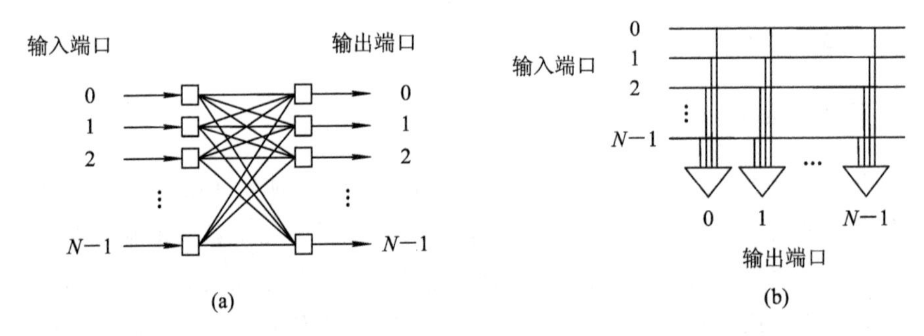

图 2-5　全互联型交换结构

全互联结构的优势在于其结构简单，内部无阻塞。然而对于 $N \times N$ 的交换规模而言，交换结构必须具有 N^2 个数据转发通路，这种 $O(N^2)$ 的硬件复杂度限制了该结构的交换规模。此外该结构对存储器的存取速率要求较高，极端情况下其输出端存储器同样需要在一

个时隙内完成 N 个信元的写入和 1 个信元的读出操作。

考虑到全互联结构的代价过高，且对于输入输出端口数均为 N 的交换结构而言，当 N 较大时，如 $N=128$，现有的存储技术无法满足 128 个信元在同一个时隙内写入输出端缓存，反之发生这种极端情况的概率极小。因此贝尔实验室提出一种 Knockout 结构[32-38]，该结构中每个输入端口都与一条广播总线相连，每个输出端口都通过一个总线接口与所有 N 条广播总线相连，如图 2－6 所示。总线接口包含地址过滤器、集中器和输出端缓存。其中集中器有 N 条入线和 L 条出线($L \leqslant N$)，若一个时隙内有 K 个信元到达，则当 $K \leqslant L$ 时 K 个信元全都可经集中器到达输出端缓存，否则最多只有 L 个信元可从集中器到达输出端缓存，其余信元被丢弃。

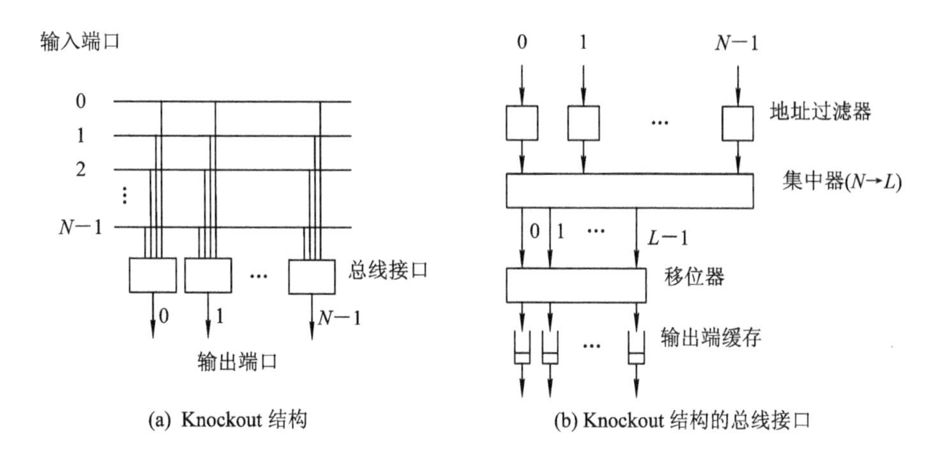

图 2－6　Knockout

Knockout 结构虽然在一定程度上降低了交换结构对存储器存取速率的要求，但同时也会导致一定的丢包率。理论分析表明在均匀业务流环境中，若取 $K=12$，则无论交换规模 N 如何，丢包率都会低于 10^{-10}。然而这仅仅是在理想环境中获得的结论，考虑到 Internet 中的数据流具有自相似特性，故该结论仅存在理论意义。

2.3.2　基于单级 crossbar 的交换结构

在空分交换结构中，除全互联结构和多平面结构之外，其余大多基于交换矩阵，即 crossbar 来实现，甚至在部分多平面结构中，其单个交换平面也都采用 crossbar 来实现，$N \times N$ 的 crossbar 具有 N^2 个交叉开关(也称之为交叉点)，图 2－7(a)所示为 crossbar 的实现方式(以 4×4 为例)。文中对交换矩阵和 crossbar 不做区分。

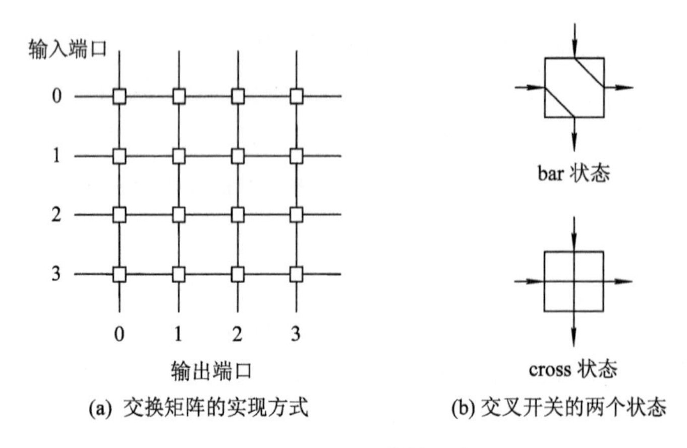

(a) 交换矩阵的实现方式　(b) 交叉开关的两个状态

图 2-7　交叉开关结构示意图

crossbar 的交叉开关具有两个状态，bar 和 cross 状态，bar 状态时，横向输入信号从纵向输出端输出，纵向输入信号从横向输出端输出。cross 状态时横向输入信号和纵向输入信号均直通输出，如图 2-7(b)所示。

初始状态时，所有交叉开关均处于 cross 状态，此时任意输入线和输出线均不连通，若输入端口 i 向输出端口 j 转发信元，则需在转发前将输入线 i 和输出线 j 的交叉开关置于 bar 状态，同时输入线 i 和输出线 j 的所有其他交叉开关应置于 cross 状态。在一个时隙的时间内，最多可有 N 个信元从不同的输入端口被转发到不同的输出端口。crossbar 有三个优点：

(1) 内部无阻塞；

(2) 结构简单；

(3) 模块化。

其缺点是内部交叉点数随交换规模 N 的增加而以指数级增长。

crossbar 工作机制决定了在一个时隙内任意输入端口至多转发 1 个信元、任意输出端口至多只能接收 1 个信元。然而同一个时隙内可能会有多个具有相同目的端口的信元同时到达不同的输入端口，这种情况下为避免信元被简单丢弃必须为交换结构设置信元缓冲装置，根据缓冲的位置和数量不同，基于单级 crossbar 的交换结构又可细分为以下 5 类：

(1) 输出排队(Output Queuing，OQ)[39,40]：缓存仅设置于输出端口；

(2) 输入排队(Input Queuing，IQ)：缓存仅设置于输入端口；

(3) 联合输入输出排队(Combined Input and Output Queuing，CIOQ)：在输入端口和输出端口均设置缓存；

(4) Buffered Crossbar：缓存仅设置于交叉开关处；

(5) 联合输入和交叉点排队(Combined Input and Crosspoint Queuing，CICQ)：在交叉点处和输入端口均设置缓存。

OQ 结构中所有到达输入端口的信元均可在一个时隙的时间内被传输至目标端口，由于到达任意输出端口的信元可能有 0～N 个，而与此同时任意输出端口都只能将 1 个信元转发，故 OQ 需在输出端口缓存等待转发的信元，其结构如图 2-8 所示。

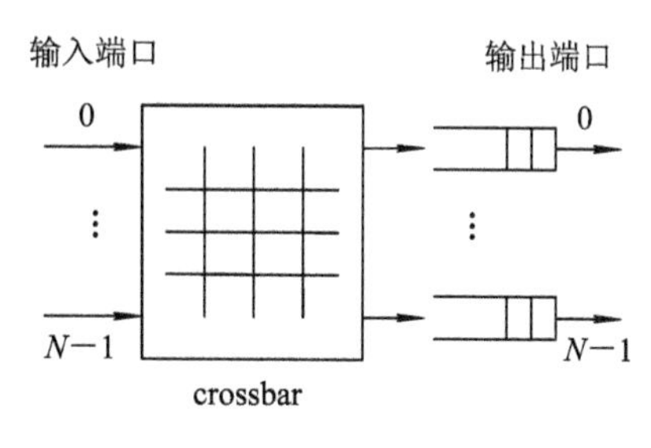

图 2-8　OQ 结构

OQ 的工作机制使其能够获得极为理想的交换性能(迄今为止最优)，同时因为输出端缓存中的信元都具有相同的目的端口，故能方便地保障 QoS。然而 OQ 为其优异的性能付出如下代价：

(1) OQ 要求作为交换结构的 crossbar 能够在一个时隙内将至多 N 个信元传输至输出端缓存中，OQ 要求交换结构具有 N 倍的加速比。

(2) 极端情况下，输出端缓存在一个时隙内要完成 N 个信元的写入和 1 个信元的读取操作。

OQ 对交换结构和存储器极高的性能要求在实现优异转发性能的同时也会制约交换规模的扩大和线速的提高。

最初的 IQ 结构在每个输入端口均设置一个 FIFO 用于缓存到达的信元，本书称之为 IQ-FIFO，其结构如图 2-9 所示。每个时隙 IQ-FIFO 都依据所有 FIFO 队首信元的目的端口信息进行集中式调度来建立输入端口与输出端口的匹配，之后利用该匹配信息对 crossbar 进行配置，即配置各交叉点的开关状态从而使输入端口的信元能够按照调度结果传输至输出端。

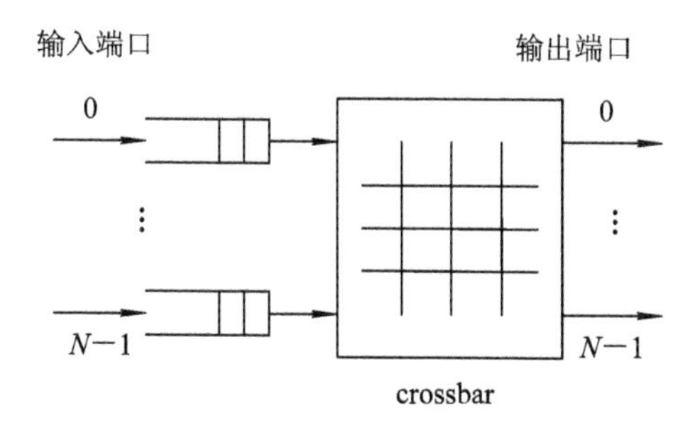

图 2-9　IQ-FIFO 结构

图 2-10 所示为一个 4×4 的 IQ-FIFO 结构，其中信元的标号表示该信元的目的端口号，输入端口 0 和输入端口 1 的 FIFO 队首信元的目的端口号均为 1，通过集中式调度，二者之中必有 1 个信元被选中在下一时隙经 crossbar 传输至输出端口 1，设输入端口 0 的队首信元被调度算法选中，输入端口 2 和 3 的队首信元不存在竞争，设其各自队首信元均被算法选中，crossbar 的配置结果如图 2-10 所示。该图中 25%的灰度显示的交叉点处于 bar 状态，其余均为 cross 状态。不难发现，由于在下一时隙没有可被传输至输出端口 2 的信元，故输出端口 2 将空闲，然而事实上输入端口 1 中 FIFO 的第二信元就是要到达输出端口 2 的，这种 FIFO 中的非队首信元因队首未被算法选中而被阻塞的现象称为队首阻塞(Head of Line blocking，HOL)。HOL 问题浪费了 crossbar 的部分传输带宽，导致系统吞吐率的下降，在均匀业务流环境中，在 N 较大时 IQ-FIFO 结构的吞吐率最高只能达到 58.6%[41]。

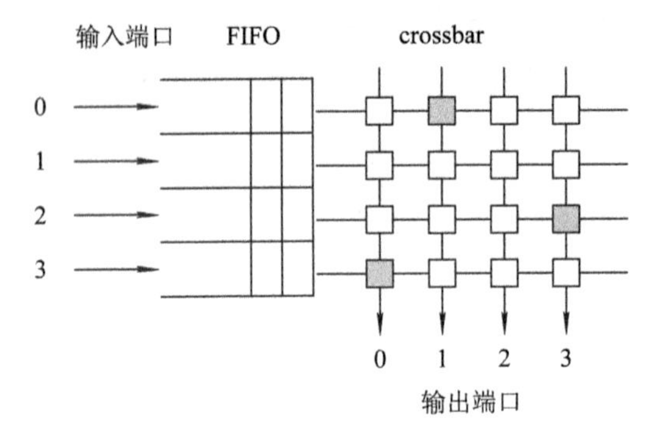

图 2-10 HOL 阻塞问题

为避免 HOL 问题，IQ 结构的输入缓存被组织成 VOQ(Virtual Output Queuing)缓冲模式，本书称之为 IQ-VOQ，其结构如图 2-11 所示。即将输入缓存分成 N 个逻辑队列分别对应不同的目的端口，到达输入端口的信元按照其目的端口分别缓存于不同的逻辑队列

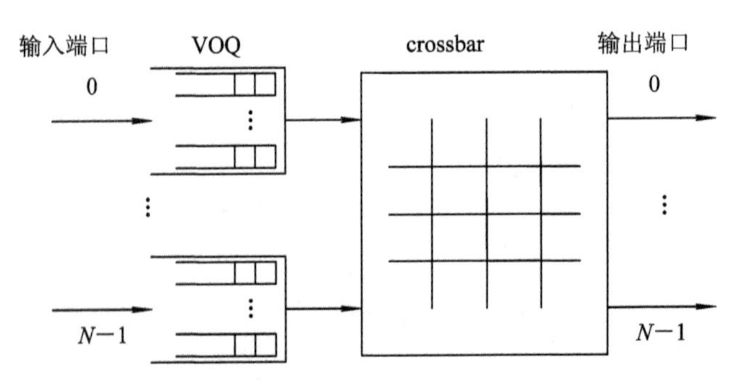

图 2-11 IQ-VOQ 结构

中，由于同一个逻辑队列中的信元具有相同的目的端口，故 IQ－VOQ 排除了 HOL 问题，调度算法只需考虑每个逻辑队列的队首信元即可。然而由于每个输入端口可能有 N 个信元同时处于就绪状态，故调度算法需要在至多 N^2 个就绪的信元中选择至多 N 个信元，其实质是一个二分图的匹配问题。

调度算法的性能优劣直接决定了 IQ－VOQ 结构的交换性能。国内外研究机构对这一领域做了大量的研究工作，分别提出最大尺寸匹配（Maximum Size Matching，MSM）[42,43]、最大权值匹配（Maximum Weighted Matching，MWM）[44—47]、并行迭代匹配（Parallel Iterative Matching，PIM）[48]、迭代轮询匹配（iterative Round－Robin Matching，iRRM）[49]、iSLIP[50,51]、FIRM[52]、双轮询匹配（Dual Round－Robin Matching，DRRM）[53,54]、EDRRM（Exhaustive Service Dual Round－Robin Matching）[55,56]等。

iSLIP 是其中较为典型的迭代算法，每次迭代过程均包含请求阶段（输入端口向输出端口发送连接请求）、响应阶段（输出端口响应其中一个请求）和接收阶段（输入端口从多个响应中选择一个输出端口建立连接）三个步骤。iSLIP 以相对简单的工作机制实现了较为优异的交换性能，因此被广泛应用于当前的 IQ 结构交换机中，但复杂度较高的集中式调度限制了其高速交换能力和可扩展性。

CIOQ 结构[57—61]要求输出端缓存在一个时隙内能够接受 S 个信元，$1<S<N$，即令交换结构具有 S 倍的加速比。为使交换结构的工作速率与信元到达及离开的速率相匹配，CIOQ 需要在输入端和输出端同时设置缓冲区。最初，CIOQ 结构的输入缓存和输出缓存均采用简单的 FIFO，文献[57，58]已证明在均匀流量环境中，若交换结构达到 4 倍加速比，则 CIOQ 能够达到 99％的吞吐率。文献[60，62]提出在输入缓存采用 VOQ 缓冲模式的改进方案，如图 2－12 所示，文献[61]已证明在 slightly constrained 业务流环境中，这种改进的 CIOQ 可在加速比为 2 的情况下达到 OQ 结构的性能。在未来的高速交换环境中，到达线速本身就已经较为困难，因此实现 2 倍的加速比只能应用于较低速率的交换环境。

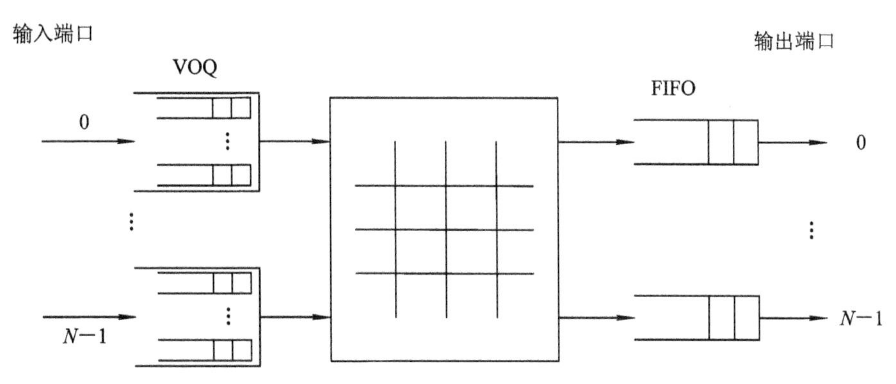

图 2－12　VOQ 缓冲模式的 CIOQ 结构

Buffered Crossbar 结构[63-66]如图 2-13 所示，不妨将 crossbar 输入线 i 和输出线 j 的交叉点记为 $XP_{i,j}$(Crosspoint)，$XP_{i,j}$ 处的地址过滤器和缓存分别记为 $AF_{i,j}$ 和 $XPB_{i,j}$(Crosspoint Buffer)。信元 $C_{i,k}$ 经 $AF_{i,k}$ 过滤后进入 $XPB_{i,k}$ 中缓存等待转发至输出端口 k。Buffered Crossbar 的工作机制与 OQ 非常类似，事实上该结构与 OQ 具有等价的交换性能且仅要求交换结构和交叉点缓存工作于线速，然而由于交叉点缓存的个数随交换端口数 N 的增加呈指数增长，且交叉点缓存之间不能共享，这就使得在大规模交换时，交叉点缓存容量需求是巨大的，因此在一个交换芯片上实现大规模的 Buffered Crossbar 是极为困难的。

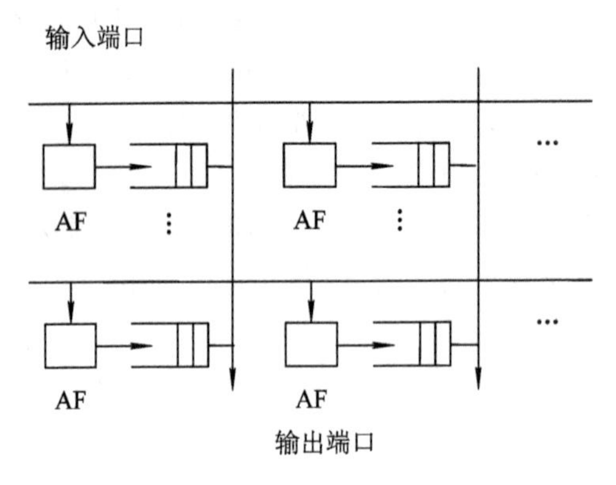

图 2-13　Buffered Crossbar 结构

为降低 Buffered Crossbar 结构对交叉点缓存的巨量需求，文献[67]提出 CICQ-FIFO 结构[67-70](也称之为 Combined Input and Crosspoint Buffer，CIXB)，即在 Buffered Crossbar 的基础上增设 FIFO 模式的输入缓存，同时减少 crossbar 交叉点处的缓存容量，所有存储器同样工作于线速，如图 2-14 所示。到达 CICQ-FIFO 输入端的信元首先进入输入缓存，仅当信元的目的端口所对应的交叉点缓存有空闲空间时才将该信元传输至交叉点缓存。实验表明 CICQ-FIFO 在达到 Buffered Crossbar 相同交换性能的情况下所需缓存

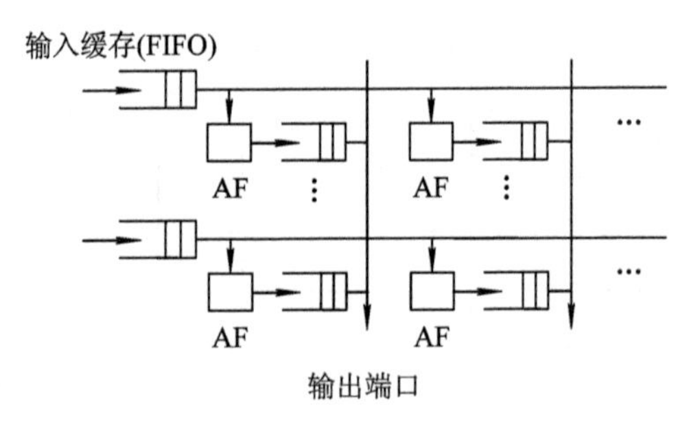

图 2-14　CICQ-FIFO 结构

总量远小于后者，但其输入端所采用的 FIFO 缓冲模式同样因 HOL 问题而无法达到 100％的吞吐率。为此，文献[71]提出用 VOQ 替代 FIFO 作为输入缓冲模式的 CICQ－VOQ 结构[72—74]，如图 2－15 所示。

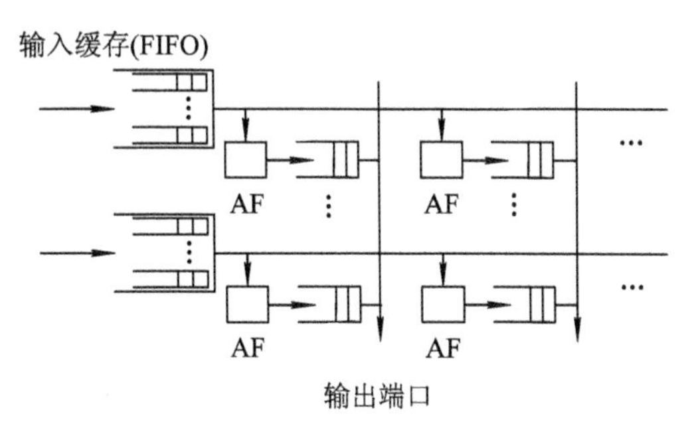

图 2－15　CICQ－VOQ 结构

CICQ 结构中信元从输入端口到达输出端口需经两级调度过程，即在输入端口 i 基于其输入缓存信息和对应的交叉点缓存 $XPB_{i,r}(r=0, 1, 2, \cdots, N-1)$的状态信息进行调度，将输入缓存的信元传输至交叉点缓存等待转发。与此同时，在输出端口 k 处，基于交叉点缓存 $XPB_{r,k}(r=0, 1, 2, \cdots, N-1)$的状态信息进行调度，将信元从交叉点缓存中传输至输出端口完成信元转发。CICQ 中典型的信元调度算法有 LQF－RR(Longest Queue First－Round Robin)[75, 76]、OCF－OCF(Oldest Cell First－Oldest Cell First)[77]以及 MCBF(Most Critical Buffer First)[78-80]等。CICQ 结构中所有缓存均需工作于线速且交换性能较为优异，但 CICQ 同时存在以下问题：

(1) 算法复杂度较高；

(2) 交叉点缓存数量随交换规模 N 的扩大以指数增长；

(3) CICQ 的现有调度算法均需依据交叉点缓存信息，而这些信息从 crossbar 传递至输入端口或输出端口均存在一定的时延，因此 CICQ 在超大规模和多机柜交换环境中需解决传播时延过大的问题。

2.3.3　基于多级 crossbar 的交换结构

基于多级 crossbar 的交换结构主要有 Banyan 结构、Clos 结构以及负载均衡结构等。

Banyan 网络由 Goke 和 Lipovski 所提出[81-83]，最初用于并行计算系统的互联，后来被引入到交换结构中。$N\times N$ 的 Banyan 类结构多采用多级 $n\times n$ 的交换单元(Switching Element，SE)来构建，SE 为规模较小的 crossbar，典型的 8×8 的 3 级 Banyan 结构如图 2－16 所示。从 Banyan 结构的任意输入端口出发的一组数据通路都有 2 个分支，故 $N\times N$ 的 Banyan 结构一般有 lb$N$ 级。

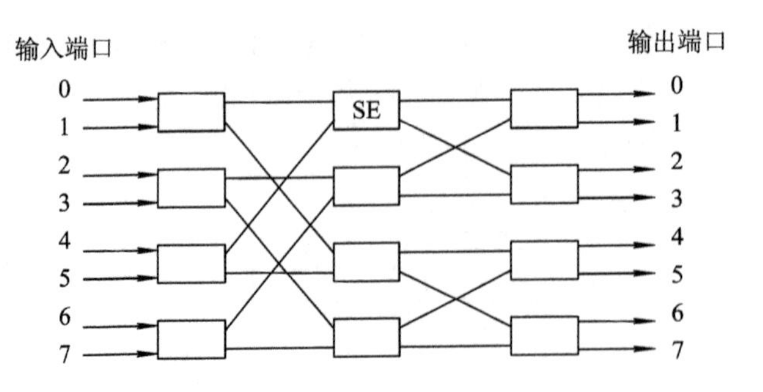

图 2-16　8×8 的 3 级 Banyan 结构

Banyan 结构具有单通道转发特性，即任一输入/输出端口对之间只有唯一的数据通道。此外，该结构还具有自路由的特点，即输入端的信元可根据其目的端口号自动选路到达输出端口。然而 Banyan 结构内部的公共数据链路存在内部竞争，即可能出现来自不同输入端的多个信元竞争部分公共数据通路的现象，这种现象所导致的内部冲突会降低 Banyan 的吞吐率，随着交换规模的扩大，这种内部冲突的概率也会相应增大。值得说明的是基于 Banyan 的衍生结构未必具有单通道转发特性。

Clos 结构[84—87]所采用的 SE 与 Banyan 结构不同，$N\times N$ 的 Clos 结构中第 1 级是 N/n 个规格为 $n\times m$ 的交换单元，中间级是 m 个规格为 $N/n\times N/n$ 的交换单元，这种 3 级 Clos 结构记为(N,n,m)。随着交换规模的扩大，用 3 级 Clos 结构不够经济，故较大规模的 Clos 结构中可采用 5 级、7 级的 Clos 网络，其结构原理同 3 级 Clos 结构一样，如用 3 级 Clos 结构来取代原 3 级 Clos 结构的中间一级则可构建一个 5 级 Clos 网络。8×8 的 5 级 Clos 结构如图 2-17 所示。

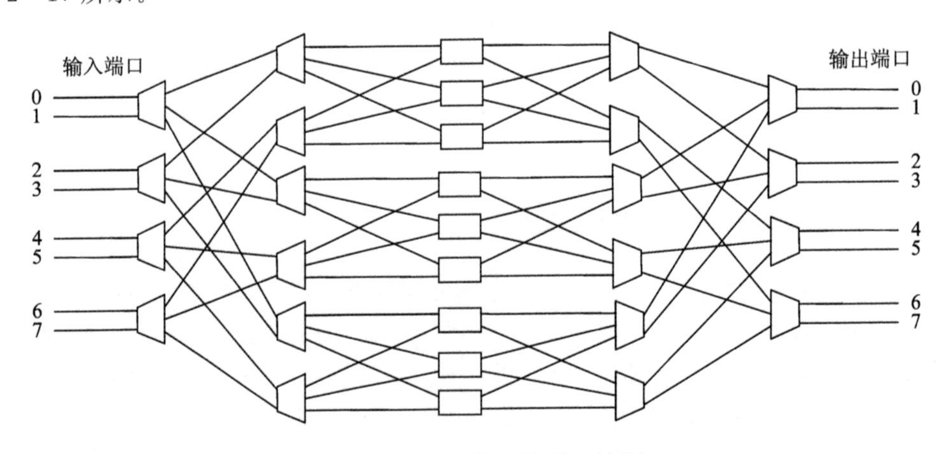

图 2-17　8×8 的 5 级 Clos 结构

对于 $N \times N$ 的交换规模而言，用 crossbar 实现的交换结构需要 N^2 个交叉点，若 $n=N^{1/2}$，则 3 级 Clos 结构（N，n，m）所需交叉点总数仅为 $6N^{3/2}-3N$，这样当 $N \geqslant 36$ 时，对于相同的交换规模，Clos 结构将比 crossbar 的交叉点数更少。虽然 $N \times N$ 的 Clos 结构将交叉点数由 $O(N^2)$ 降低为 $O(N^{3/2})$，但要实现内部无冲突交换，必须在交换结构内部运行路径分配控制器，当交换规模 N 较大或端口速率较高时实现该控制器较为困难。

负载均衡交换结构的原型 LB－BvN 结构最早由张正尚教授所提出。该结构由两级 crossbar（分别记为 XB1 和 XB2）和相应的缓冲组成，如图 2－18 所示。其突出特点在于两级 crossbar 均采用特定的、周期性的连接模式，图 2－19 所示为一个 4×4 crossbar 的周期性连接模式（一个周期包含 4 个时隙）。这种 $O(1)$ 复杂度的 crossbar 连接模式排除了算法调度时间对时隙长度的影响，使得在信元长度一定的情况下，时隙长度仅与端口速率有关，这意味着端口速率可以提高到微电子乃至光传输技术的极限，从而为高速数据转发提供了可能。此外其 XB1 能够将到达输入端口的数据流均匀散布到中间缓存，从而使之能够较好地适应 Internet 中的自相似业务流，其对数据流的负载均衡作用如图 2－20 所示，从图中可以看出，在理想情况下，到达输入端口的突发数据流经 XB1 的负载均衡作用后已被均匀散布到中间缓存，而对于任意中间端口而言到达数据流的突发性已显著降低。

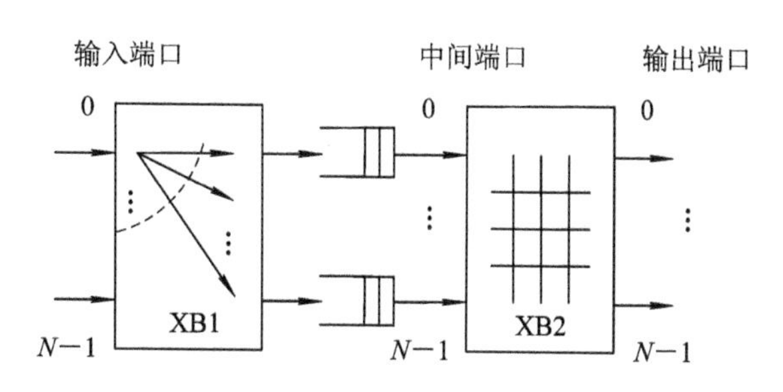

图 2－18　LB－BvN 结构

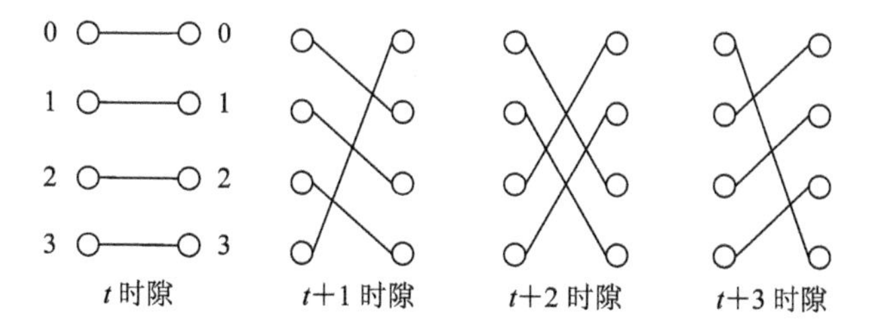

图 2－19　LB－BvN 的 crossbar 连接模式

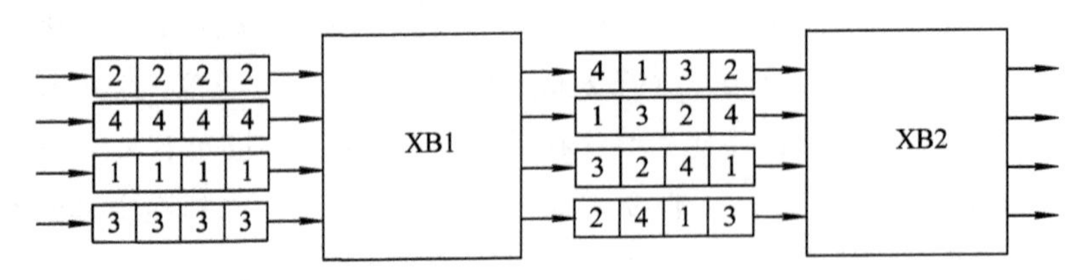

图 2-20　负载均衡结构对数据流的均衡效果模型

负载均衡交换结构的上述特性能够较好地满足下一代 Internet 的交换需求，因此该结构成为近年来交换技术领域的研究热点，然而其多通道特性(任意输入/输出端口对之间的数据传输通路数超过 1 个)却使得同一个流信元可能以失序的状态到达输出端口，故解决信元失序问题是负载均衡交换结构的首要问题。其次负载均衡交换结构的高速交换能力和其 $O(1)$ 复杂度的 crossbar 连接模式密切相关，故若解决失序或其他问题的复杂度高于 $O(1)$，则必然会使整个交换流程迟滞，反而损害了其高速交换能力，因此保持全流程 $O(1)$ 复杂度是其必要的基本约束条件。国内外机构对信元失序问题做了大量的研究工作，至今已分别提出 FCFS(First Come First Served)[6]、EDF (Earliest Deadline First)[6]、FFF (Full Frame First)[7]、EDF-3DQ (Earliest Deadline First based on Three-Dimensional Queuing)[7]、FOFF (Full Ordered Frame First)[8]、PF (Padded Frame)[9]、MailBox[10]、CR switch[11]、Byte-Focal[12] 以及 FTSA[13] 等方案。

2.3.4　多平面交换结构

多平面交换结构[88—95]是将多个同构交换结构在空间上进行重叠从而实现并行交换的一种方案，其目的通常是为了达到单平面交换所无法实现的系统带宽和吞吐率。如图 2-21 所示为多平面交换结构的示意图。具有 K 个平面的多平面交换结构首先需要将来自线卡的数据流通过解复用器(Demultiplexer)均匀地分割到 K 个并行的交换平面，被分割的数据流经各自的交换平面传输至输出端后经复用器(Multiplexer) 恢复为原业务流。

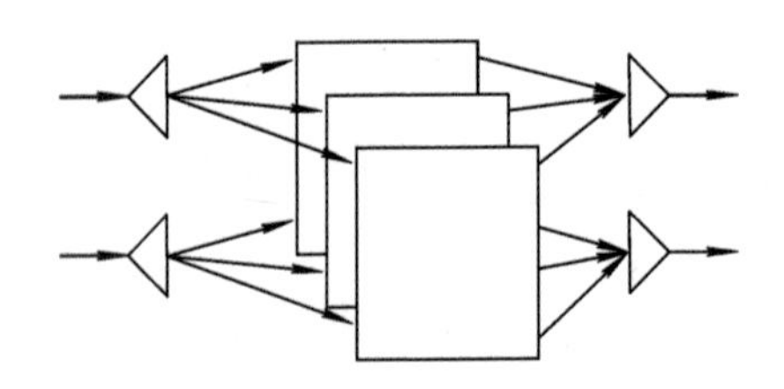

图 2-21　多平面结构示意图

多平面交换结构采取以硬件重叠换取传输带宽的策略，在保持单平面交换速率不变的基础上提高了系统总体的数据传输带宽和吞吐率，然而多平面结构仍然无法回避单平面内的高速交换问题，同时硬件实现复杂度的增加也会导致多平面交换结构实现的困难。

除以上各交换结构之外，目前交换技术的研究方向还包括全光交换[96—105]、光电混合交换[106—115]和直连网络[116—120]等方向。其中全光交换和光电混合方式受光存储和光处理器件的限制，而直连网络需要增加防止死锁和控制时延的路由算法。

2.4　负载均衡交换结构的研究现状

国内外研究机构为解决负载均衡结构的失序问题提出了很多方案，这些方案总体上可分为两类：A 类方案允许数据包在转发过程中失序，但在数据包离开交换机之前要通过重排序缓存（Re - sequencing Buffer，RB）来调整其顺序，使之按正确的顺序离开，如 FCFS[6]、EDF[6]、EDF - 3DQ[7]、FOFF[8]及 Byte - Focal[12]等。B 类方案通过特定机制避免数据包在转发过程中失序，如 FFF[7]、PF[9]、Mailbox[10]、CR switch[11]和 FTSA[13]等。

2.4.1　FCFS

FCFS[6]是解决失序问题的第一种方案，该方案由两级 crossbar（分别记为 XB1 和 XB2）和三级缓冲组成，如图 2 - 22 所示。其输入缓存采用 VCQ（Virtual Central Queuing）缓冲模式，$VCQ_{i,j}$ 用于缓存到达输入端口 i 且需经中间端口 j 转发的信元，中间缓存 $VOQ_{j,k}$ 用于缓存经中间端口 j 且目的端口为 k 的信元，FCFS 结构中任意输入端口 i 的 Flow Splitter 将同一个流的信元以 Round - Robin 的方式散布到 N 个 $VCQ_{i,j}$（$j=0$，1，2，…，$N-1$）中，在输出端口利用重排序缓存来调整信元离开交换机的顺序，使之按照正确的顺序离开。

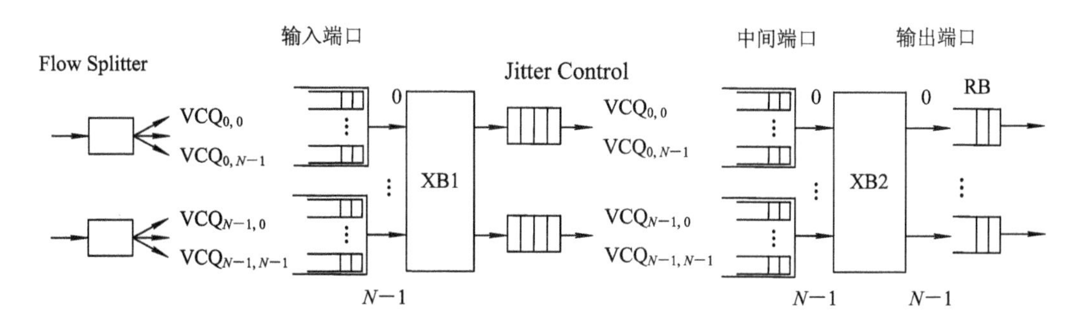

图 2 - 22　FCFS 方案

由于各 $VCQ_{i,j}$（$j=0$，1，2，…，$N-1$）队长可能不同，故同一个流的信元经不同的

VCQ 后可能会以失序的状态离开 XB1，为避免这一现象，FCFS 在 XB1 和中间缓存之间设置 Jitter Control[6] 使每个信元都延迟到最大时延值，即 $N(N-1)$个时隙后进入中间缓存。Jitter Control 的引入使得对于任意不同的 j，$VOQ_{j,k}$队长之差的绝对值不超过 N，故 FCFS 方案中任意输出端口的重排序缓存最多只需 N^2 个信元空间。FCFS 方案虽然思想较为简单易行，但 Jitter Control 这种无论信元实际失序情况如何统一将所有信元都延迟到最大时延值后转发的策略显著地恶化了系统时延，付出了极大的性能代价，同时引入 Jitter Control 自身也增加了硬件实现的复杂度。

2.4.2 EDF

EDF 方案[6] 摒弃了 FCFS 中的 Jitter Control，该方案为每个信元分配一个时延戳(deadline)，在任意中间端口，调度算法依据信元的 deadline 选择一个最紧迫的信元并将其转发至输出端。由于每个 VOQ 队列的队首信元未必是最紧迫的，故这种搜索操作复杂度较高且其耗时无法保证。即便如此，由于同一个流信元可能经不同的中间端口到达输出端，而中间端口处的调度只能是基于本端口缓存中的信元信息，故经第 2 级转发后到达输出端的信元依然可能存在失序问题，仍需调整信元离开交换机的顺序。文献[6]已证明 EDF 方案中任意输出端口的重排序缓存最多只需 $2N^2-2N$ 个信元空间。

EDF-3DQ[5] 是 EDF 的改进方案，其主要策略是在中间缓存用一种三维的缓存结构 3DQ[7] 来替代二维的 VOQ，即源自输入端口 i，经中间端口 j 且目的端口为 k 的信元缓均存于 $3DQ_{i,j,k}$中，改进后搜索最紧迫信元只需从 N 个 3DQ 的队首信元中寻找即可。尽管 EDF-3DQ 把搜索的复杂度降至 $O(N)$，但无法从根本上避免搜索操作，而且过高的计算复杂度同样使其无法较好地适应未来的高速交换环境。

2.4.3 FFF

FFF 方案[7] 采用基于帧的策略，其输入端同样利用 Flow Splitter 以 Round-Robin 的方式将同一个流的信元散布到 N 个 VCQ 中，中间缓存采用 3DQ 缓冲模式，即 $3DQ_{i,j,k}$用于缓存到达输入端口 i，经中间端口 j 且目的端口为 k 的信元，其结构如图 2-23 所示。在第 2 级转发阶段，FFF 方案利用如下算法来选择要转发的信元：

FFF 在任意输入端口 i 设置 N 个指针 $P_{i,k}(k=0, 1, 2, \cdots, N-1)$，分别指向流 $F_{i,k}$的下一信元所应到达的中间端口。在此基础上定义任意流 $F_{i,k}$的帧 $f_{i,k}$为：$f_{i,k}=(i, P_{i,k}, k)$，$(i, P_{i,k}+1, k)$，…，$(i, N-1, k)$，若对于所有的 $j=P_{i,k}, P_{i,k}+1, \cdots, N-1$，$3DQ_{i,j,k}$均非空，则称 $f_{i,k}$是一个满帧。此时，可直接将该满帧中的信元转发而不会造成信元失序。基于这种方式，FFF 能够保证所有信元以不失序的状态到达输出端，故 FFF 无需在输出端设

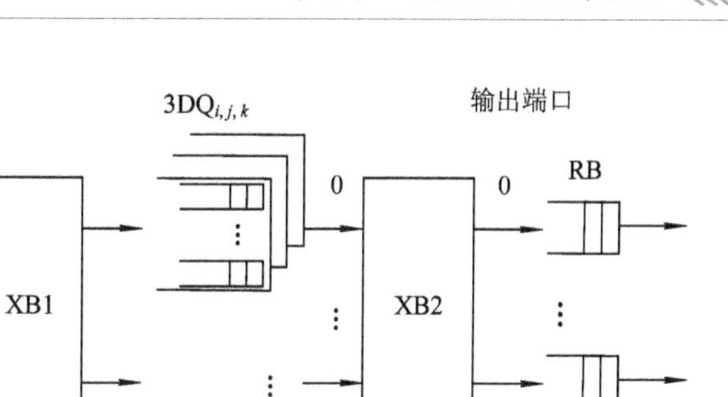

图 2-23　FFF 方案

置重排序缓存来调整信元的先后顺序。然而任何一个帧所包含 3DQ 子队列都分布在不同的线卡上，故 FFF 方案为寻找满帧必须在线卡之间进行大量通信。这对于大规模交换而言是难以实现的。

2.4.4　FOFF

FOFF[8] 由两级 crossbar(分别记为 XB1、XB2)和三级缓冲组成，输入缓存 $VOQ1_{i,k}$ 用于缓存到达输入端口 i 且目标端口为 k 的信元；中间缓存 $VOQ2_{j,k}$ 用于缓存经中间端口 j 到达输出端口 k 的信元；输出端缓存 $VCQ_{j,k}$ 缓存经中间端口 j 到达输出端口 k 的信元。其结构如图 2-24 所示。

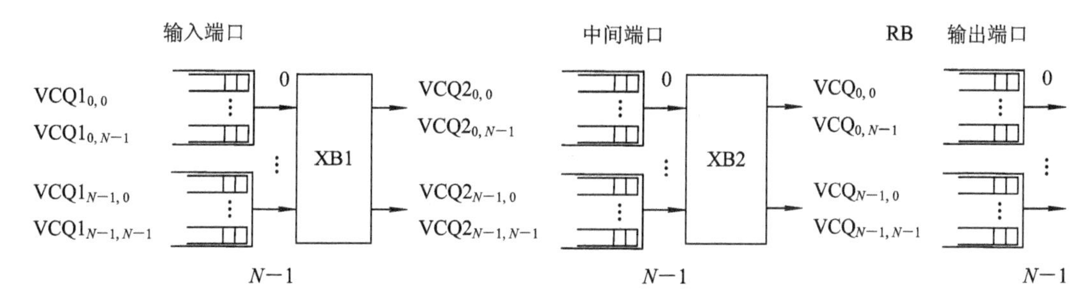

图 2-24　FOFF 方案

FOFF 将 N 个连续时隙定义为一个帧(Frame)，对于输入缓存 VOQ1 而言，若某 $VOQ1_{i,k}$ 的信元数不小于 N，则可在下一帧的时间内，将该队列的前 N 个信元分别传输至 N 个不同的中间端口。此时，一个帧的每个时隙都能有效传输一个信元，故称之为满帧。若在一个帧的时间内传输至中间端口的信元数不足 N 个，则称该帧为非满帧。

在帧的起始时刻，所有输入端口均依据 Round - Robin 的方式从各自缓存中的 N 个 VOQ 子队列中选择一个满帧，若没有满帧，则依据 Round - Robin 的原则选择一个非满帧。而后在该帧的 N 个时隙时间内将所选择的信元依次传输至中间缓存。然而选择非满帧将会导致 N 个时隙的带宽浪费和系统时延的增加，更为重要的是还会导致信元在输出端失序，故 FOFF 仍需在输出端口设置重排序缓存来调整信元离开交换机的顺序。

2.4.5 PF

PF[9]属于 B 类解决方案，故该结构在输出端无须设置 RB 来解决信元失序问题，除此之外，PF 和 FOFF 的组成结构是一致的，如图 2-24 所示。PF 方案中关于帧、满帧及非满帧的定义与 FOFF 方案中的相关定义相同。在每个帧的起始时刻，PF 方案中任意输入端口 i 都以 Round-Robin 的方式从 $VOQ1_{i,k}(k=0, 1, 2, \cdots, N-1)$ 中选择一个满帧，若找不到一个满帧，则从中选择队长最长的非满帧，不妨设该非满帧还有 e 个信元，$0<e<N$，PF 在 e 个信元之后添加 $N-e$ 个 Fake 信元组合成一个伪满帧并在接下来一个帧时间内将该“满帧”中的 N 个信元依次转发至中间端口。

PF 采用这种伪满帧的策略能够避免信元在输出端失序，从而简化了交换流程。考虑到添加 Fake 信元的策略仅用于轻负载的情况，当负载率较高时，由于满帧的出现使得不再需要添加 Fake 信元。然而这种人为添加 Fake 信元的方法明显恶化了中低负载时的时延性能。

2.4.6 MailBox

MailBox 方案[10]由张正尚教授提出，该结构由两级 crossbar(XB1、XB2)和两级缓冲组成，输入缓存采用 FIFO 模式，中间缓存采用一种称为 Mailbox[7]的缓冲结构。对于 $N\times N$ 的交换结构而言，共需设置 N 个 Mailbox，每个 Mailbox 包含 N 个 bin，每个 bin 中有 f 个信元空间，如图 2-25 所示。此外 Mailbox 结构中 XB1 和 XB2 均采用相同的对称连接模式，即输入端口 i 与输出端口 j 相连当且仅当输入端口 j 与输出端口 i 相连。这种对称连接的 crossbar 连接模式可通过如下的公式来确定：

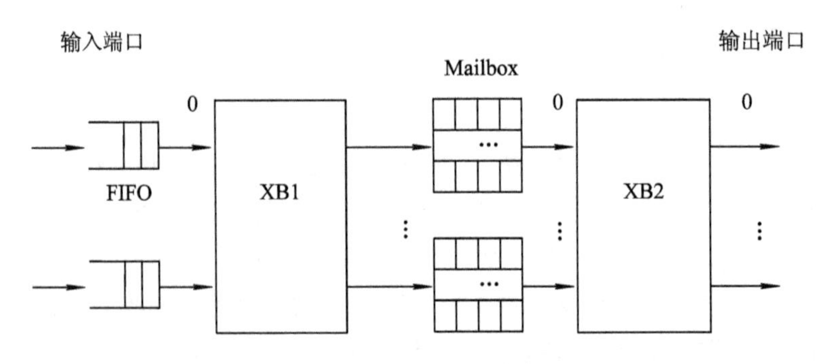

图 2-25 Mailbox 方案

$$j=h(i,t)=[(t-i)\bmod N]+1 \tag{2-3}$$

或 i，j 和 t 满足：

$$(i+j)\bmod N=(t+1)\bmod N \tag{2-4}$$

Mailbox 的核心思想在于利用对称的 crossbar 连接模式以及输入端口 i 和输出端口 i 位于同一线卡这一特性，可将前一个信元的离开时间反馈至输入端口并据此计算其下一个信元需要等待的时间，而后根据每个信元所需等待的时延完成转发调度。调度过程中可能需要尝试多次才能为信元找到合适的缓存位置，而每一次尝试失败都会使该信元的离开时间增加 N 个时隙，而且这还将影响到同一流的后续信元。为此，Mailbox 通过限制尝试的最大次数 δ 来缓解这一问题，即在尝试 δ 次之后仍不能找到有效的缓存位置，则放弃这种尝试，直接阻塞该信元。δ 取值过小，信元将会频繁被阻塞从而导致吞吐率下降，δ 取值过大，又会导致信元的时延较大而出现系统稳定性的问题。同时 δ 的取值还可能和交换规模 N 有关，这些情况导致 δ 的取值问题变得复杂，从而限制了其实用性。由于信元被阻塞的原因，系统吞吐率达不到 100%，仿真实验表明 Mailbox 最多只能达到 95%的吞吐率。

2.4.7　CR switch

CR switch[11] 包含两级 crossbar(XB1、XB2)和两级缓冲，XB1 和 XB2 采用和 Mailbox 相同的对称连接模式，输入缓存采用 VOQ 模式，而中间缓存采用一种称为 I-VOQ (VOQ with Insertion)[11] 的缓冲模式。和传统的 VOQ 一样，I-$VOQ_{j,k}$ 用于缓存经过中间端口 j 且目的端口为 k 的信元，不同的是 I-VOQ 允许新到达的信元替换其队首信元。CR switch 结构如图 2-26 所示。

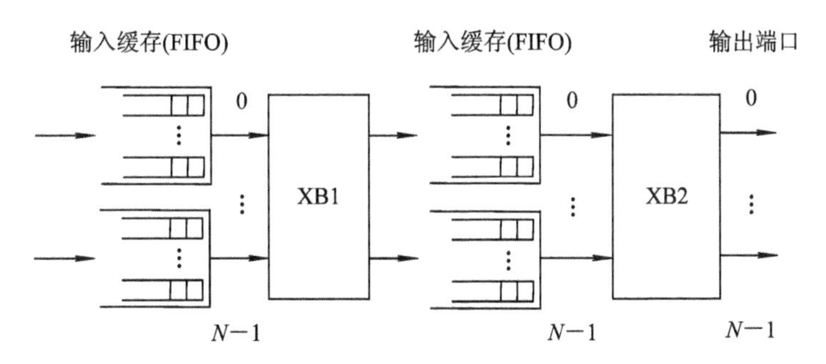

图 2-26　CR switch 结构

CR switch 将所有的信元分为三类：Fake 信元、Contention 信元和 Reservation 信元。Fake 信元是由 I-VOQ 自动生成的，当 I-VOQ 中的任意一个逻辑子队列为空时就自动生成一个 Fake 信元作为其队首，从这一角度而言 I-VOQ 在任何时候都是非空的。当到达 I-VOQ 的是一个 Contention 信元时，若其目标队列的队首信元是 Fake 信元，则用新到达的 Contention 信元替代 Fake 信元，此时新到达的 Contention 信元成为该队列的 HOL，否则，I-VOQ 就拒绝接纳这个 Contention 信元。因此输入端口在转发一个 Contention 信元时，只能传送其副本，若 Contention 信元成功替代 Fake 信元而成为 HOL，那么 I-VOQ 则应通过 crossbar 的既有连接反向传递给输入端一个成功信号，此时可将 Contention 信元的母本移除，若 Contention 信元被 I-VOQ 拒绝，则同样应通过 crossbar 的既有连接反向传回一个失败信号。另一方面，若新到达的是一个 Reservation 信元，则直接将其插入 I-VOQ 的队尾。同样由于 I-VOQ 在任何时候都不为空，任何新到达的 Reservation 信元都不可能作为 HOL。显然 CR switch 中每个信元还必须携带一个附加域用于指示该信元的类别。

CR switch 因工作于两种不同的模式——Contention 模式和 Reservation 模式而得名。在轻负载下，CR switch 工作于 Contention 模式，在重负载下工作于 Reservation 模式，工作于 Contention 模式下所转发的信元都是 Contention 信元，工作于 Reservation 模式下所转发的信元都是 Reservation 信元。

CR switch 是以帧为单位进行工作的，N 个连续的时隙为一个帧，但对于不同的输入/输出端口，其关于帧的概念是不同的。例如，对于输入端口 i 而言，其第 f 帧即为从输入端口 i 第 f 次与中间端口 0 相连开始的 N 个连续时隙。由 crossbar 的对称连接模式可知：输入端口 i 的第 f 帧所包含的 N 个时隙分别是：$i+(f-1)N$，…，$i-1+fN$。若在输入端口 i 的某帧起始时，存在一个队长不小于 N 的 $VOQ_{i,k}$，则称该帧是一个满帧，这时 CR switch 认为这是重负载的特征，应使 CR switch 工作于 Reservation，这个满帧就被称为 Reservation 帧，其中的每一个信元都是 Reservation 信元。反之若输入端口 i 的某帧起始时，所有的 $VOQ_{i,k}$ 的队长均小于 N，则视为这是轻负载的特征，CR switch 应工作于 Contention 模式，该帧为 Contention 帧，其中的每个信元都是 Contention 信元。

Reservation Mode：CR switch 在任意输入端口 i 设置一个指针指示下一个 Reservation 帧的起始 VOQ 队列号，该指针以固定的方向旋转，其工作方式类似于 iSLIP 中的指针。在一个 Reservation 帧的起始时刻，CR switch 依据该指针值向下搜索第一个队长不小于 N 的 VOQ 队列，不妨设该队列为 $VOQ_{i,r}$，于是在该帧的 N 个时隙内将 $VOQ_{i,r}$ 中的 N 个信元，依次发送到 N 个不同的 I-VOQ 中。而后将该指针的值更新为 $(r+1) \bmod N$。

Contention Mode：CR switch 在任意输入端口 i 设置一个指针指示下一个 Contention 帧的起始 VOQ 队列号，该指针同样以固定的方向旋转，若在 Contention 帧的第一个时隙将 $VOQ_{i,r}$ 的队首信元转发至中间端口 0，则在转发后根据特定的规则更新指针并在该帧剩余的时隙继续依据该指针值选择合适的 VOQ 子队列完成 Contention 信元的转发和指针的更新。

CR switch 在解决失序问题的同时在许可输入流量环境中能够保证 100% 的吞吐率，轻负载下性能较好，但中高负载时(>60%)时延性能较差。由于中间端口需要向输入端口传回一个 bit 的指示信息，故 CR switch 无法有效应用于传播时延较大的交换环境。

2.4.8 Byte - Focal

Byte - Focal 结构[12]由两级 crossbar(XB1、XB2)和三级缓冲组成，输入缓存和中间缓存均采用 VOQ 缓冲模式(VOQ1 和 VOQ2)，输出端缓存采用 VIQ (Virtual Input Queuing)缓冲模式。$VOQ1_{i,k}$用于缓存到达输入端口 i 且目的端口为 k 的信元，中间缓存 $VOQ2_{j,k}$用于缓存经过中间端口 j 且目的端口为 k 的信元，输出端缓存 $VIQ_{i,j,k}$用于缓存到达输入端口 i，经中间端口 j 且目的端口为 k 的信元。其结构如图 2 - 27 所示。

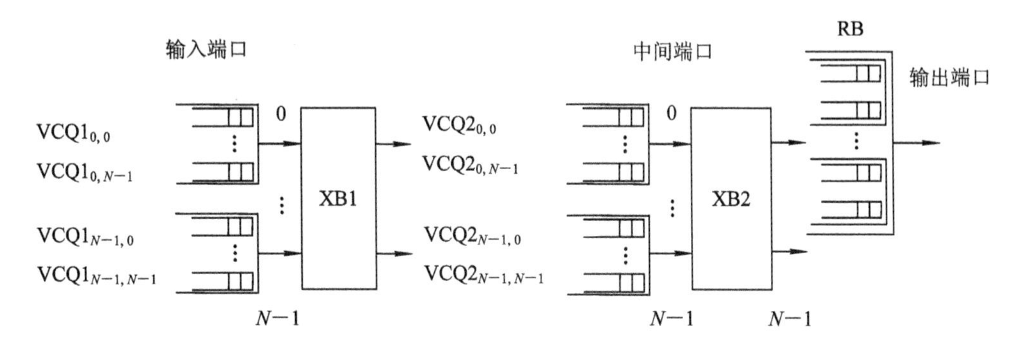

图 2 - 27 Byte - Focal 结构

Byte - Focal 在任意输入端口 i 设置 N 个指针 $J_{i,k}(k=0, 1, 2, \cdots, N-1)$用以指示流 $F_{i,k}$的下一个信元所应经历的转发路径(即中间端口号)，为便于描述，记 t 时隙 $J_{i,k}$的值为 $J_{i,k}(t)$。为不失一般性，考虑输入端口 i，定义集合 $S_j(t)=\{VOQ1_{i,r} \mid VOQ1_{i,r}$ 非空且 $J_{i,r}(t)=j\}$，$r=0, 1, 2, \cdots, N-1$。若 t 时隙输入端口 i 将与输出端口 j 相连，则在 t 时隙之初，集合 $S_j(t)$中所有子队列都向仲裁器(Arbiter)发出转发请求，仲裁器依据特定规则从所有这些请求中选择一个队列并将其队首信元转发至中间缓存。Byte - Focal 为仲裁器提供四种判决规则：

(1) 最长队列优先(Longest Queue First，LQF)。

仲裁器总选择集合 $S_j(t)$中的最长队列并将其队首信元转发。LQF 的性能最优，但其具有 $O(\log N)$的计算复杂度。这将降低交换结构的高速交换能力和可扩展性。

(2) 轮询方式(Round - Robin，RR)。

仲裁器依据 Round - Robin 的方法从集合 $S_j(t)$中选择一个队列并将其队首信元转发。RR 方法虽然是最易于实现的，但仿真表明在非平衡流量环境中该算法会导致交换结构的不稳定。

(3) 固定阈值策略(Fixed Threshold Scheme, FTS)。

令 $q_{i,s}(t)$表示正被服务的队列长度,令 $q_{i,k}(t)$表示 $VOQ1_{i,k}$的队列长度,令 $S'_j(t)=\{VOQ1_{i,r} | VOQ1_{i,r} \in S_j(t)$ 且 $q_{i,k}(t) \geq TH\}$,TH(threshold)是事先设定的一个固定阈值。

算法如下:

Step1. 若 $q_{i,s}(t) \geq TH$,继续服务于此队列。否则转 Step2。

Step2. 若 $S'_j(t)$非空则仲裁器以 Round - Robin 规则在 $S'_j(t)$中寻找一个队列服务。否则转 Step3。

Step3. 若 $q_{i,s}(t) > 0$,则继续服务于该队列。否则转 Step4。

Step4. 以 Round - Robin 规则在 $S_j(t)$寻找一个队列来服务。

TH 的设置过大或过小都会导致作为算法关键的阈值失去意义,且对于不同的交换规模和应用环境而言,精确地指定 TH 的值较为困难,故 FTS 只具有理论意义。

(4) 动态阈值策略(Dynamic Threshold Scheme, DTS)。

FTS 在实践中难以确定 TH 的值,故 Byte - Focal 将 $VOQ1_{i,k}(r=0, 1, 2, \cdots, N-1)$队长的平均值作为 TH,此即动态阈值策略 DTS。基于 RR 的不稳定性、LQF 过高的复杂度和 FTS 在实际应用中的困难,DTS 一直被认为是一种较为理想的调度算法。

Byte - Focal 在输入端所采用的转发策略能够保证同一个流的相邻信元经相邻的中间端口到达输出端,这使其可在输出端用 VIQ 结构的 RB 方便地实现信元的有序转发。

Byte - Focal 在任意输出端口 k 设置 N 个 VIQ 集分别缓存来自输入端口 $i(i=0, 1, 2, \cdots, N-1)$的信元,每个 VIQ 集包含 N 个逻辑子队列,分别缓存经过中间端口 j ($j=0, 1, 2, \cdots, N-1$)的信元。Byte - Focal 将特定数据流尚未离开交换机的“最老”信元称为 HOF (Head of Flow),同时在任意输出端口 k 设置 N 个指针 $G_{i,k}$用以记录流 $F_{i,k}$的 HOF 所应到达的 VIQ 队列。Byte - Focal 在输入端口的调度使得每个流的 HOF 都以 Round - Robin 的方式轮流以 VIQ 子队列的 HOL 形式出现,因此,Byte - Focal 在任意时隙的初始时刻只需判断各流的指针所指 VIQ 子队列是否为空,若该队列非空则表示该流的 HOF 已到达,直接将其转发并以 Round - Robin 模式更新指针即可,若该队列为空,则需等待。由于一个输出端口至多有 N 个流,故可能出现多个信元同时需要转发的现象,因此在任意输出端口均需设置离去队列 (Departure Queue, DQ),DQ 可以是一个简单的 FIFO。在每个时隙的起始时刻,若 DQ 非空则直接将其队首信元转发即可。

Byte - Focal 以相对简单的结构实现了较优的交换性能,且在交换结构和线卡之间无需额外的通信,这使得该结构能够较好地适应超大规模和多机柜交换环境。

2.4.9 FTSA

FTSA[13] 由两级 crossbar(XB1、XB2)和两级缓冲组成,输入缓存和中间缓存均采用

VOQ 缓冲模式，$VOQ1_{i,k}$用于缓存到达输入端口 i 且目的端口为 k 的信元，$VOQ2_{j,k}$用以缓存经中间端口 j 且目的端口为 k 的信元。特别地，任意 $VOQ2_{j,k}$均设置一个信元的缓存空间(本书称之为单信元缓冲模式)，如图 2－28 所示。

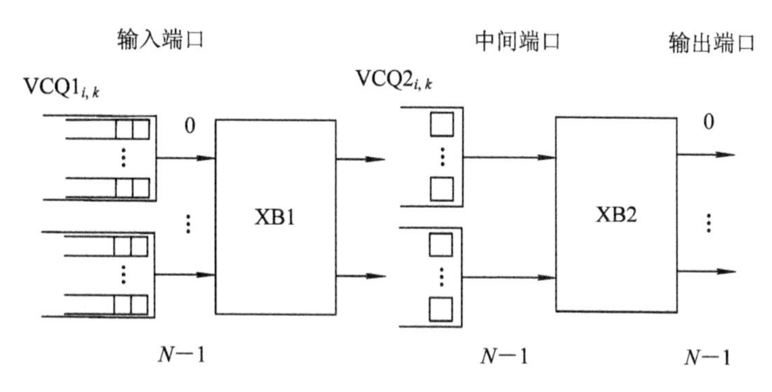

图 2－28　FTSA 结构

XB1 和 XB2 采用一种错列对称的连接模式，如图 2－29 所示。该连接模式的特征在于若 t 时隙中间端口 j 与输出端口 k 相连，则 $t+1$ 时隙必有输入端口 k 与中间端口 j 相连，这样，中间端口 j 的缓存状态信息可在 t 时隙结束前瞬间通过 XB2 传输至输出端口 k，由于输入端口 k 和输出端口 k 位于同一线卡，故可方便地将该缓存信息反馈至输入端口 k，于是在 $t+1$ 时隙的信元传输之前，输入端口 k 可根据自身的缓存状态信息及反馈得到的目的端口(中间端口 j)的缓存状态信息选择合适的信元转发至中间缓存，这种“有的放矢”的工作模式可有效降低中间缓存的“underflow”问题，从而获得极其优异的时延性能。此外文献[13]已证明图 2－29 所示的 crossbar 连接模式结合单信元缓冲模式可以保证信元以不失序的状态到达输出端。

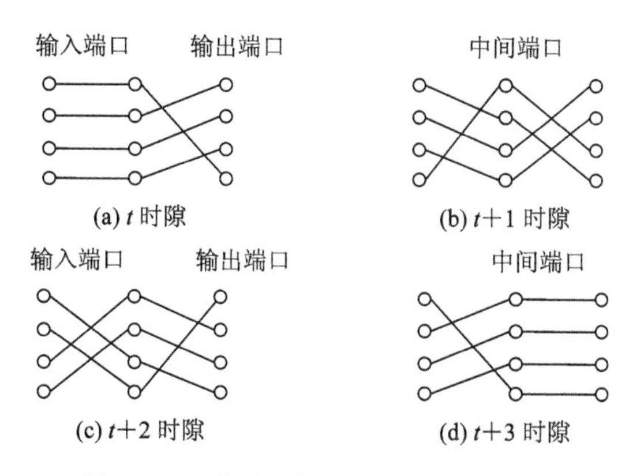

图 2－29　错列对称的 crossbar 连接模式

FTSA 提出了三种调度算法：最长队列优先(Longest Queue First，LQF)、轮询

(Round－Robin，RR)和最早离去者优先（Earliest Departure First，EDF）。但最坏情况下，这三种算法均需搜索全部 N 个队列，同时 FTSA 的工作机制要求调度算法必须在 crossbar 重配置时间内完成，这在现有技术条件下是无法实现的，其结果必然是算法调度时间超出 crossbar 重配置时间，进而导致信元传输等待调度结果，这就使得时隙长度因调度算法超时而被拉长，这也使得 FTSA 优异的理论性能无法实现。

本章小结

本章主要对时分交换和空分交换两类交换结构的相关研究工作和成果进行了总结分析。交换技术的研究现状表明传统的交换技术如共享存储器、共享介质、全互联等既无法有效满足未来的高速交换需求也不能较好地适应 Internet 中的自相似业务流，而负载均衡交换结构因其独特的具有 $O(1)$ 复杂度的 crossbar 连接模式和对数据流的负载均衡作用使之能够较好地满足未来的高速交换需求，但该结构存在信元失序问题，现有解决失序问题的方案在复杂度和性能方面均不够理想，基于这一现状，本书将负载均衡交换结构作为研究重点，以降低交换结构的全流程复杂度和提高交换性能作为研究目的开展相关研究工作。

第二篇　基于负载均衡结构的交换技术

第3章 “智能维序”的负载均衡结构SLBA

3.1 引言

对于负载均衡交换结构的信元失序问题，如前文所述，国内外现有的解决方案或者复杂度过高或者性能不够理想。一方面，若解决信元失序问题的计算复杂度高于 $O(1)$，则必然会使整个交换流程迟滞，反而丧失其原本的高速交换能力，不仅如此，$O(N)$的复杂度意味着算法耗时与交换规模 N 有关，从而进一步限制了其可扩展性。另一方面，若为解决信元失序问题而付出过高的性能代价也是不可取的，如典型的 FCFS 方案等。

对于这一研究现状，本书基于“时延戳”的方法，提出一种负载均衡交换结构 SLBA[14]，SLBA 通过 crossbar 的反向通信模式和“智能维序”的重排序机制以全流程 $O(1)$ 复杂度实现了信元的有序转发，理论分析和仿真表明：SLBA 结构是稳定的且在低负载时其时延性能优于 Byte - Focal 结构。

3.2 SLBA 的基本思想

对于解决信元失序问题的 A 类方案而言，交换结构必须提供某种机制来保证信元不失序地离开交换机。SLBA 的基本思想在于到达输出端口的每一信元都携带一个时延值，该时延值决定了信元为避免失序而需在输出端等待的时间(单位：时隙)，本书称这种时延值为信元的“重排序时延戳”。显然，若每个信元到达输出端后均延迟至自身所携带的时延值后离开交换机，则可确保信元的有序转发。基于这种方案，所有信元均可在“恰好”不失序的时刻离开交换机，犹如每个信元都具有智能一样，故称之为“智能维序”的负载均衡交换结构。

实现这一方案的难点可抽象为以下 3 个方面：

(1) 在输出端口处的缓冲机制必须能以 $O(1)$ 复杂度使得每个信元在恰好可以离开的时刻“离开”交换机。

(2) 在中间端口处必须能以 $O(1)$ 复杂度计算每一信元的“重排序时延戳”。

对于任意信元 C，若 C 不是该流的第一个信元，则记 $\not{C}$ 为与信元 C 同一流的前一个信元。本书将从当前时隙到信元C离开交换机的时间(单位：时隙)称为“参考时延戳”，显然“参考时延戳”需要随时间的流逝而不断更新。而若信元C是该流的第一个信元，则可直接将“参考时延戳”初始化为 0。考虑到负载均衡交换结构中两级 crossbar 均采用确定的、周期性变化的连接模式，故当信元到达中间端口处时，其在中间缓存中等待的时间是确定的。因此计算“重排序时延戳”的难点实质上在于以$O(1)$复杂度获取该时刻的“参考时延戳”。

(3) 当前信元的“重排序时延戳”确定之后，考虑到其转发信息应被同一个流的下一个信元所用，故 SLBA 必须以$O(1)$复杂度更新“参考时延戳”。

3.3 SLBA 的结构

基于上述分析，本书在 SLBA 的实现方案中采用如图 3-1 所示的结构。SLBA 由两级 crossbar(XB1 和 XB2)和两级级缓冲组成。位于 XB2 前端的中间缓存采用 VOQ 缓冲模式，任意$VOQ_{j,k}$用以缓存经中间端口j且目的端口为k的信元，位于输出端口的是重排序缓存 RB。

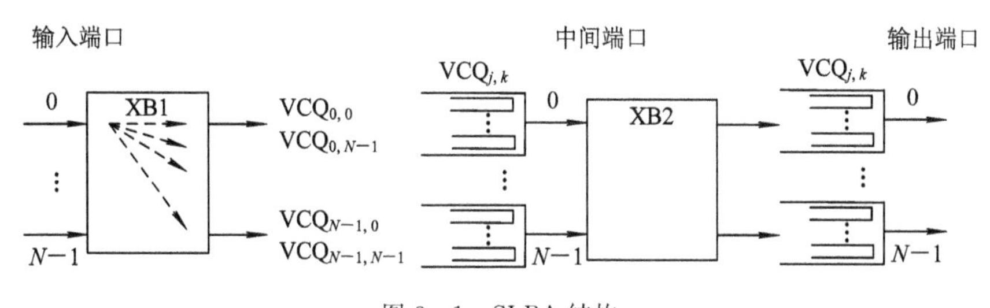

图 3-1 SLBA 结构

3.3.1 “智能维序”的重排序机制

对于实现 SLBA 的第一个技术难点，SLBA 通过在输出端设置“智能维序”的重排序缓存来实现，其结构如图 3-2 所示。图 3-2 中，C表示到达输出端的任意信元，W表示信元

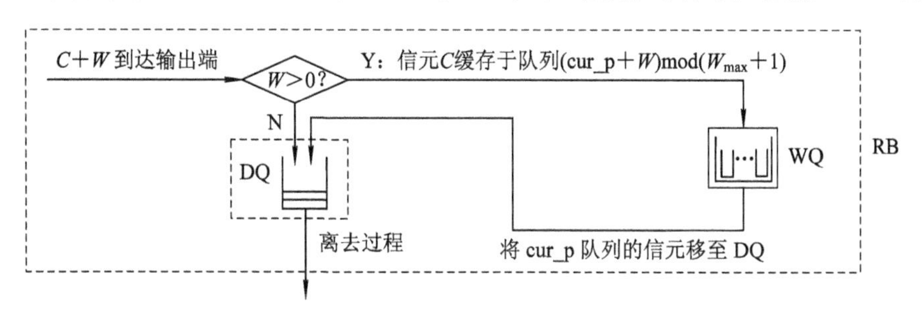

图 3-2 RB 结构图

C 所携带的“重排序时延戳”，RB 在逻辑上分成两块存储区域：等待队列(Waiting Queue，WQ)和离去队列(Departure Queue，DQ)，WQ 用于缓存需等待的信元，DQ 用于缓存无需等待即可离开交换机的信元。

考虑到在实践中，中间缓存的容量是有限的，因此任意信元 C 为避免失序而需在输出端等待的时延值，即任意信元的“重排序时延戳”也是有限的，在此不妨设“重排序时延戳”的最大值为 W_{max}。基于这一假定，可在 WQ 中设置 $W_{max}+1$ 个逻辑等待队列，用指针cur_p 指向“恰好”可以离开交换机的信元队列。若信元 C 携其“重排序时延戳”W 到达，则首先判断 W 的值，若 $W>0$ 则表示信元 C 需等待 W 时隙后转发才能保证不失序，故可将信元 C 置于队列(cur_p$+W$)mod($W_{max}+1$)中缓存即可，每过一个时隙，cur_p 都会后移指向下一个等待队列，即 cur_p←(cur_p+1) mod ($W_{max}+1$)。这样，当 W 时隙过后，指针 cur_p 就恰好指向信元 C 所在的队列，此时只需将 cur_p 所指队列中的所有信元移入 DQ 即可。若 $W=0$ 则表示信元 C 无需等待即可保证不失序地离开交换机，此时可将信元 C 直接置于 DQ 中缓存等待转发即可。

由上述分析可知，在任意一个时隙，可能出现多于一个信元同时要求离开交换机的情形，如 cur_p 所指队列中有两个或两个以上信元，或者 cur_p 所指队列非空且此时到达输出端口的信元恰好可以直接转发等。考虑到交换机在一个时隙时间内至多只能转发一个信元，而 SLBA 的转发机制决定着“到期”的信元必须离开才能不影响后续信元的重排序过程，故将“恰好”可以离开交换机的信元都移入 DQ，这样便可以从逻辑上视为已经离开了交换机，而 DQ 只需设置为简单的 FIFO 模式并按照先来先服务的原则将信元转发即可。

采用这种机制的重排序缓存使得每个信元都在“恰好”可以离开的时刻“离开”了交换机，犹如每个信元都具有智能一样，故称之为“智能维序”的重排序机制。其工作原理表明这种机制能够以 $O(1)$复杂度将信元有序转发。

3.3.2 “参考时延戳”的传递和更新机制

“参考时延戳”被同一个流的不同信元所共享决定了该时延戳是基于数据流的，即每一个数据流对应一个“参考时延戳”，同时该时延戳在每个时隙都需要更新维护。

由于信元只有在到达中间端口后才能依据其所在队列的队长来确定该信元需在中间缓存中等待的时延，因此在 SLBA 结构中，只有当信元到达中间端口后才能利用其所属流的“参考时延戳”来确定其“重排序时延戳”。然而考虑到同一个流的不同信元可能会经不同的中间端口到达输出端，故“参考时延戳”不可能缓存于某个特定的中间端口处，因此 SLBA 将“参考时延戳”缓存于相应的输入端口，如流 $F_{i,k}$($k=0$，1，2，…，$N-1$)的“参考时延戳”缓存于输入端口 i，这样经由输入端口的信元均可读取对应的“参考时延戳”并携带该值到达任意中间端口。

信元 C 到达中间端口后，若记其在中间缓存等待的时延为 V，记其所携带的“参考时延戳”为 R，记信元 C 的“重排序时延戳”为 W，则有以下定理及推论。

定理 3-1 信元 C 不失序的约束条件为 $W+V+1>R$。

证明 一旦信元 C 进入中间缓存，V 值即被唯一确定，考虑到信元 C 经 XB2 转发至输出端尚需一个时隙，故信元 C 到达输出端口需要 $V+1$ 个时隙。因信元 C 至少需要在信元 $\not{C}$ 离开交换机后才能离开，故若要保证信元 C 不失序，必须使信元 C 的“重排序时延戳” W 满足 $W+V+1>R$，即信元 C 不失序的约束条件为

$$W+V+1>R \tag{3-1}$$

推论 3-1 信元 C“恰好”不失序的约束条件为 $W=[R-V]^{+}$。

证明 由公式(3-1)可知，满足不失序的 W 是一个集合 ω：

$$\omega=\{W \mid W>R-V-1\} \tag{3-2}$$

当且仅当信元 C 在 $\not{C}$ 进入 DQ 的下一个时隙进入 DQ，信元 C 是“恰好”不失序的，即必须满足 $W+V+1=R+1$，故满足此条件的 W 为

$$W=\min\{\omega\}=[R-V]^{+} \tag{3-3}$$

公式(3-3)表明在“参考时延戳”R 的基础上，SLBA 能够以 $O(1)$ 复杂度计算任意信元 C 的“重排序时延戳”W。然而注意到信元 C 利用“参考时延戳”R 计算其“重排序时延戳”W 之后，信元 C 进入 DQ 尚需等待的时间(单位：时隙)就成为与其同一个流的下一个信元的“参考时延戳”，亦即此时应根据信元 C 的信息更新该流的“参考时延戳”R。困难的是，信元 C 此时位于中间缓存，即 R 的更新必须在中间缓存处进行，但更新后的 R 必须存储于输入端口才能为该流的其他信元所访问，实现这一过程的难点在于如何以可接受的代价更新和传递“参考时延戳”R。

在此情况下，为更新“参考时延戳”R 而在每一中间端口设置通往每一输入端口的通信线路是不现实的，因为对于交换规模为 N 的交换结构而言，需要 N^2 个独立的通信线路。然而，考虑到在需要更新 R 之时，相应的输入端口与中间端口正好通过 XB1 相连，故 SLBA 在每个时隙之初，首先将信元 C 所读取的“参考时延戳”R 传递至中间端口，之后开始传输信元 C，这样当信元 C 传输的同时，中间端口即可根据先到达的“参考时延戳”R 计算该信元的“重排序时延戳”W 并更新“参考时延戳”R，更新方式分析如下：

首先，若 $V+1>R$，则意味着当信元 C 到达输出端口时，其同一个流的前一个信元 $\not{C}$ 已进入 DQ，此时信元 C 距离进入 DQ 尚需等待的时延为 $V+1$ 个时隙。考虑到本时隙更新的 R 会为下一个时隙到达的信元所用，故可直接将其减 1，即更新后的 R 应为 V 个时隙。

其次，若 $V+1 \leqslant R$，则意味着当信元 C 到达输出端口时，其同一个流的前一个信元 $\not{C}$ 尚在 WQ 中等待，此时信元 C 距离进入 DQ 尚需等待的时延为 $R+1$ 个时隙。基于相同的原因，R 无需做任何改变。

综合以上分析，更新 R 的算法如下：

if ($V+1>R$)　　　　$R\leftarrow V$

else　　　　　　　　$R\leftarrow R$

考虑到 R 的更新算法较为简单，SLBA 在信元传输完毕后将更新后的 R 沿着 XB1 尚未拆除的 crossbar 连接反向传递至输入端口。"参考时延戳"R 的更新和传递过程如图 3－3 所示。图 3－3(a)所示为信元 C 到达输入端口后读取该流的"参考时延戳"R 并与之组合，图 3－3(b)所示为信元 C 携带 R 经 XB1 到达中间端口，图 3－3(c)所示为中间端口依据 R 以 $O(1)$复杂度计算 W 并更新 R，同时信元 C 及其"重排序时延戳"W 组合。图 3－3(d)所示为在信元 C 传输完毕而 crossbar 连接尚未拆除之前将更新后的 R 反向传递至输入端口。

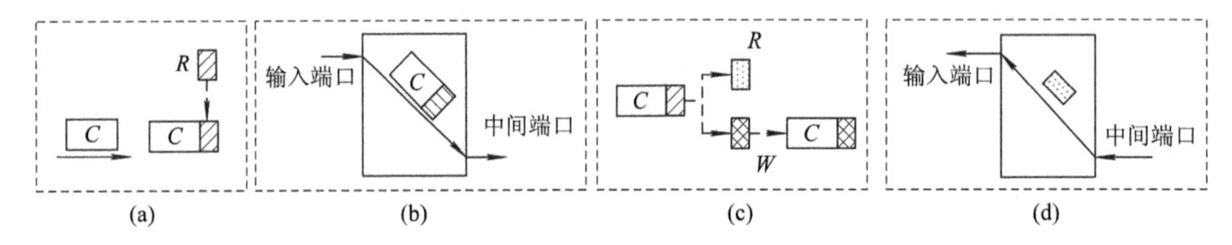

图 3－3　"参考时延戳"R 的更新和传递过程

此外，考虑另一种情况，若某个流在 t 时隙并没有信元携带"参考时延戳"经 XB1 到达中间端口，显然随着一个时隙的流逝，相应流的"参考时延戳"R 应作自减 1 的更新，即 $R\leftarrow[R-1]^{+}$，本书称这种更新方式为 R 的常规更新。

3.4　SLBA 的性能分析

SLBA 中、WQ 中的逻辑等待队列数，RB 的空间复杂度等都和 VOQ 队列的队长有关，考虑到实践中该值是确定的，故以下分析中不妨设任意 $VOQ_{j,k}$ 的最大队长为 L。

3.4.1　RB 的空间复杂度

不失一般性，考虑信元 C 经 XB1 到达中间缓存的 $VOQ_{j,k}$ 队列，记 $VOQ_{j,k}$ 队长为 $Q_{j,k}$（包含信元 C 的队长值），则有 $1\leqslant Q_{j,k}\leqslant L$。

当 $Q_{j,k}=1$ 时，若信元 C 到达 $VOQ_{j,k}$ 后的下一个时隙即被转发，则信元 C 在中间缓存中等待的时延为最小值 $V_{\min}$ 且 $V_{\min}=0$（单位：时隙）。若信元 C 到达中间缓存后需等待，则由 $Q_{j,k}=1$ 可知，其所等待的最大时长为 $N-1$ 个时隙。由 crossbar 的周期性连接模式可知，当 $Q_{j,k}=L$ 时，信元 C 在中间缓存等待的最大时长为 $V_{\max}$ 且 $V_{\max}=(L-1)N+N-1$（单位：时隙）。

由“参考时延戳”R 的更新规则可知，当信元 C 在中间缓存中的等待时延为 $V_{\max}$时，更新后的 R 同样达到 $V_{\max}$，即“参考时延戳”R 的最大值 $R_{\max}=V_{\max}$。

而由公式(3-3)可知，信元 C 的“重排序时延戳”W 的最大值 $W_{\max}$为

$$W_{\max}=[R_{\max}-V_{\min}]^{+}=(L-1)N+N-1=LN-1 \tag{3-4}$$

$W_{\max}$直接决定了 WQ 中的逻辑等待队列的数量和 RB 的缓存容量，据前文分析，WQ 中应设置 $W_{\max}+1$，即 LN 个逻辑等待队列。同时，因为任意信元 C 在输出端等待的最大时延为 $W_{\max}$，故对于输入输出端口数均为 N 的 SLBA 而言，N 个输出端口的 RB 共需 LN^2-N 个信元的缓存容量，故 SLBA 结构中 RB 的空间复杂度为 $O(LN^2)$。

3.4.2 稳定性和时延分析

若将信元 $C_{i,k}$在一个时隙内的到达率记为 $\lambda_{i,k}$，$q(t)$表示 t 时隙 $VOQ_{j,k}$的队长矩阵，j，$k=0$，1，2，…，$N-1$，文献[5]已证明，若 $q(0)=0$ 且信元到达过程是弱混合[121]的且满足如下条件：

$$\sum_{j=0}^{N-1}\lambda_{j,k}<1,\ k=0,\ 1,\ 2,\ \cdots,\ N-1 \tag{3-5}$$

则当 $t\rightarrow\infty$ 时，$q(t)$依分布收敛于稳态值 $q(\infty)$。即对于任意 VOQ 的队长 Q 均有 $E[Q]<\infty$。

定理 3-2 若满足条件 $E[Q]<\infty$，则“重排序时延戳”W 是稳定的。

证明 公式(3-3)表明 W 仅与 V 和 R 有关，而 R 的更新规则表明，当且仅当 $V+1>R$ 时，R 才会被更新为 V，其余情况下 R 值都不会增加。对于任意信元 C，其在中间缓存等待的时长 V 仅与 C 所处的 VOQ 的队长 Q 线性相关，故在 $E[Q]<\infty$的条件下必有 $E[W]<\infty$。

因为信元在 VOQ 和 WQ 中等待的时延都是稳定的，故可断定信元从进入输入端口到进入 DQ 的过程具有 100%的吞吐率。即若信元到达输入端口的到达率为 $\rho(\rho<1)$并以等概率到达各目的端口，则进入 DQ 的输入过程必然是平均间隔为 $1/\rho$ 的一般到达过程，因此 DQ 可以看成一个 G/D/1 的排队模型[122]，在 $\rho<1$ 的条件下，DQ 的队长是稳定的。至此表明 SLBA 结构是稳定的且其全流程复杂度均保持为 $O(1)$。

3.4.3 VOQ 的队长和时延

由于 SLBA 中 XB1 将到达的数据流均匀散布到中间缓存，故理论上常将到达任意 $VOQ_{j,k}$的数据流视为 Bernoulli 过程且到达率为 ρ/N，每转发一个信元需要的服务时间为 N 个时隙。N 个时隙内到达 $VOQ_{j,k}$的信元数量 k 服从二项分布 $B(N,k)$，不妨将 t 时隙任意 $VOQ_{j,k}$的队长记为 $Q(t)$。

根据文献[123]中公式(5-41)有：

$$E[Q(t)]=\frac{(N-1)\rho^2}{2N(1-\rho)},\ t=0,\ N,\ 2N,\ \cdots \tag{3-6}$$

于是有：

$$E[Q(t+s)]=E[Q(t)]+s\frac{\rho}{N},\ s=1,\ 2,\ 3,\ \cdots,\ N-1 \tag{3-7}$$

$$E[Q(\infty)]=\frac{(N-1)\rho}{2N(1-\rho)} \tag{3-8}$$

记信元在稳态下的平均等待时延为 $W(\infty)$，由 Little 公式[123]可知：

$$E[W(\infty)]=\frac{(N-1)}{2(1-\rho)} \tag{3-9}$$

3.5 SLBA 的仿真分析

为验证 SLBA 的性能，本书分别从传统交换结构、同类型负载均衡交换结构及理论最优交换结构三个角度分别选择 iSLIP、Byte-Focal 和 OQ 与 SLBA 一起在均匀业务流和突发业务流环境中进行仿真分析，仿真软件采用 Opnet11.5，所选四种交换结构均采用 8×8 的交换模型。为验证交换结构的极限吞吐率，仿真假定各级缓存无限大。

以上所选结构中，iSLIP 是目前广泛应用于 IQ 交换机中性能较为优异的调度算法，但 iSLIP 所采用的是复杂的集中式调度策略且每次调度都需要多次迭代才能完成全部调度过程，文中仿真时的 3-iSLIP 即指 3 次迭代的 iSLIP 算法。OQ 理论交换性能最优，但该结构需要 N 倍的加速比，故在实践中受限于交换背板的带宽和存储器的存取速率，因此 OQ 交换机或者在现有条件下维持一个较小的交换规模，或者在一定的交换规模下限制其端口速率，这一因素同样限制了其在高速交换环境中的应用，但一般常将 OQ 的交换性能视为交换结构的理论性能上限。Byte-Focal 是迄今为止在结构和性能方面均较为理想的结构，但更新维护集合 $S_j(t)$ 和 $S_j'(t)$ 的复杂度达到 $O(N)$，这同样使得该结构无法有效适应未来的高速交换环境。本书提出的 SLBA 在整个交换流程实现了以 $O(1)$ 复杂度解决信元失序问题，这使得 SLBA 能够将端口速率提高到微电子技术乃至光传输技术的极限，从而更好地适应未来的高速交换环境，另外其全流程 $O(1)$ 复杂度排除了交换规模 N 的影响，从而使之具有更优的可扩展性。

3.5.1 均匀业务流环境

所谓均匀业务流，即若信元到达过程满足条件：

(1) 信元以 Bernoulli i. i. d. 过程到达输入端口；

(2) 信元以等概率到达 N 个目的端口。

那么，用于产生均匀业务流的信源发生模型称为均匀流量模型。

图 3-4 所示为 SLBA、Byte-Focal、3-iSLIP 和 OQ 在均匀业务流环境下的时延，由于数据源自身已经是均匀业务流，故 SLBA 中第 1 级转发阶段对业务流的负载均衡效果并不明显，又因为 SLBA 采用两级转发且需要输出端的重排序时延，故 SLBA 在均匀业务流环境中的时延性能不及传统的交换结构 iSLIP。与同样采用两级交换的 Byte-Focal 结构相比较，由于信元在 SLBA 第 1 级转发阶段可视为无需排队时延，而 Byte-Focal 结构中信元需要完整的 3 级排队时延，这一原因使得 SLBA 在低负载时(＜80％)时延性能具有优势。然而 SLBA 中 XB1 对数据流的负载均衡是基于端口的，即其 XB1 将到达特定输入端口的所有信元作为一个整体均匀散布到中间缓存，而 Byte-Focal 结构中 XB1 对数据流的负载均衡是基于流的，即其 XB1 将到达某个输入端口的每个数据流各自独立地均匀散布到中间缓存。相比之下，Byte-Focal 结构对数据流的负载均衡的粒度更小，数据的平衡效果更好，而 SLBA 结构对数据流的负载均衡的粒度更粗，平衡效果稍差。在低负载下数据流量较小，此时排队时延对整个时延的影响更大，故在低负载时 SLBA 的交换时延更优，但在高负载时，XB1 对数据流的负载均衡效果对信元在中间缓存的排队时延和输出端的重排序时延的影响迅速加剧，这使得 SLBA 在高负载时的性能反而不如 Byte-Focal。

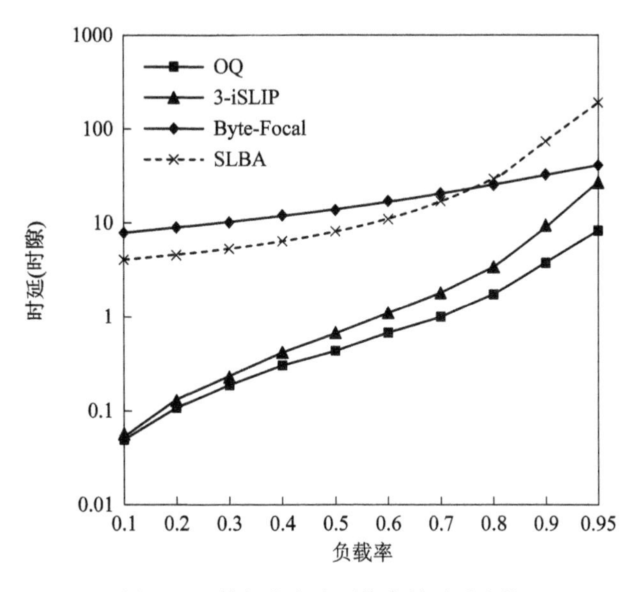

图 3-4 均匀业务流环境中的时延比较

3.5.2 突发业务流环境

突发业务流用ON－OFF模型[87]生成，将平均突发长度(Average Burst Length，ABL)分别设为8和16进行仿真分析，同一突发块内的信元具有相同的目的端口。图3－5和图3－6所示分别为四种交换结构在平均突发长度为8和16环境中的平均时延。两图均显示，

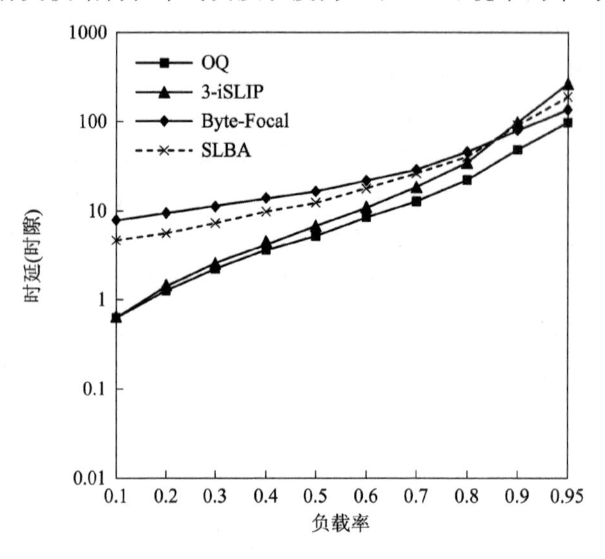

图3－5 突发业务流环境中的时延比较(ABL＝8)

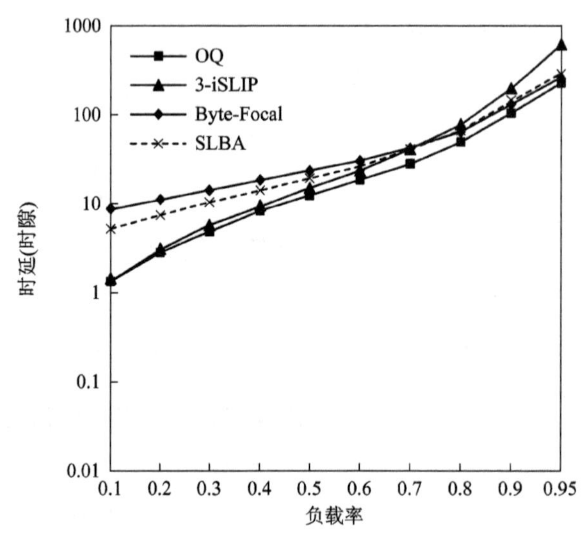

图3－6 突发业务流环境中的时延比较(ABL＝16)

在突发环境中，传统的交换结构如采用 iSLIP 的 IQ，随着负载率的上升其交换性能迅速恶化，而负载均衡交换结构，如 SLBA 和 Byte－Focal 等，由于其 XB1 对数据流的负载均衡作用，其性能接近于 OQ。基于同样的原因，在突发环境中，SLBA 在低负载时性能优于 Byte－Focal，而高负载时性能不及 Byte－Focal。

本章小结

SLBA 结构的创新点在于该结构基于时延戳的方法通过反向传递“参考时延戳”R 和“智能维序”的重排序机制以全流程 $O(1)$ 复杂度实现了信元的有序转发，这一特性使得 SLBA 能够适应更高的交换速率。利用 crossbar 连接通道的反向通信使之无需额外的通信线路，且在低负载环境下其时延性能优于 Byte－Focal。

SLBA 的代价是每个时隙需在 XB1 传输两次“参考时延戳”R，不妨考虑 R 是一个 16 位的整数，则对于 256 字节的信元而言，时隙长度增加了 1/128，其影响可以忽略不计。

第4章 基于Flow Splitter的负载均衡交换结构

4.1 引 言

SLBA结构的优势在于以全流程$O(1)$复杂度解决了信元失序问题且在低负载时性能较优，但该结构同时也存在不足：

(1) SLBA未考虑“参考时延戳”反向传递至输入端口的传播时延。

(2) 时延戳的计算、更新和传递导致其结构复杂，硬件实现代价较高。

(3) SLBA在高负载时的性能较差。

在线卡和交换结构之间的传播时延较小时其第一个缺陷并无大碍，但若线卡和交换结构距离较远，如在超大规模和多机柜交换环境中就很容易导致“参考时延戳”反向传回输入端口时下一时隙的信元传输已经开始，这种现象势必导致输入端的信元携带尚未更新的“参考时延戳”进入中间端口，从而为信元计算出不正确的“重排序时延戳”，进而导致SLBA无法保证信元的有序转发。

基于SLBA的上述问题，本书重新审视Byte-Focal这种结构简单且无需在线卡和交换结构之间进行额外通信的交换结构，尝试在Byte-Focal这些优良特性的基础上实现全流程$O(1)$复杂度及更优的交换性能。本书经分析发现Byte-Focal结构中的DTS调度策略存在复杂度、“伪队首阻塞”和惯性服务模式等问题，正是这些缺陷使其在最坏情况下的计算复杂度达到$O(N)$，同时还导致了其交换性能的降低。在此基础上，本书通过将Flow Splitter和Byte-Focal相结合的思想分别提出CFSB结构和LB-IFS结构。

4.2 Byte-Focal的缺陷分析

Byte-Focal的突出特点就在于其在输入端所采用的VOQ缓冲模式和DTS调度策略能够保证一种“相邻到达特性”，本书给出其定义如下。

定义4-1 相邻到达特性：所谓相邻到达特性即同一个数据流的两个相邻信元必定经相邻的中间端口到达输出端。

对于满足相邻到达特性的交换结构而言，不妨设C0和C1是同一个流的任意两个连续信元且 C0 先于 C1 到达，若信元 C0 的转发路径为 j，则 C1 有两种转发路径可供信元选择：

(1) 信元 C1 经中间端口 $(j+1) \bmod N$ 到达输出端。

(2) 信元 C1 经中间端口 $(N+j-1) \bmod N$ 到达输出端。

值得说明的是，任何数据流的所有信元都只能选择其中一种转发模式。

这一特性使得 Byte - Focal 在输出端可以根据信元的路径信息来判断其先后顺序，从而方便地利用 VIQ 结构的 RB 以 $O(1)$ 复杂度实现信元的有序转发。对比 SLBA 不难发现，SLBA 在输出端是基于信元所携带的“重排序时延戳”来确定信元离开交换机的时间，而 Byte - Focal 摒弃了为每个信元计算时延戳的方式，而是利用信元的路径信息所隐含的先后顺序以及与之相适应的 VIQ 结构的 RB 来保证信元的有序转发。

为便于说明，以下通过一个 4×4 的 Byte - Focal 模型来分析 DTS 调度策略所存在的问题。文中 4.2.2 和 4.2.3 中的指针 $P_{i,k}$ 均沿用文献[12]中的定义。

4.2.1 复杂度问题

Byte - Focal 在输入端所采用的 DTS 调度策略依赖于集合 $S_j(t)$ 和 $S'_j(t)$，虽然 DTS 调度策略自身并不复杂，但由于集合 $S_j(t)$ 和 $S'_j(t)$ 每个时隙都需要进行更新维护，由 $|0\leqslant S_j(t)\leqslant N|$ 和 $|0\leqslant S'_j(t)\leqslant N|$ 可知，最坏情况下其更新维护的计算复杂度为 $O(N)$。这就意味着在最坏情况下，DTS 算法的复杂度为 $O(N)$，这种高于 $O(1)$ 的计算复杂度势必会降低 Byte - Focal 的高速交换能力和可扩展性。

4.2.2 伪队首阻塞问题

考虑输入端口 i，由于 DTS 的算法规则决定了只有 N 个子队列($\mathrm{VOQ1}_{i,r}$，$r=0, 1, 2, \cdots, N-1$)的队首符合转发条件时才能向仲裁发出转发请求，这就可能出现等待队列中虽然有非队首信元等待转发且转发该信元能够保证相邻到达特性，但由于所有队首信元均无法满足 DTS 转发条件而被阻塞。图 4 - 1 所示为输入端口 i 发生的阻塞示例。

令 $q_{i,k}(t)$ 表示 t 时隙 $\mathrm{VOQ1}_{i,k}$ 的队长，令 $P_{i,k}$ 指示 $F_{i,k}$ 下一个信元的转发路径。假定在 $T-1$ 时隙输入端口 i 与中间端口 3 相连，依据 DTS 可知本时隙队列 $\mathrm{VOQ1}_{i,0}$ 被服务，而 T 时隙之初必有 $P_{i,0}=0$，$P_{i,1}=3$，$P_{i,2}=0$ 及 $P_{i,3}=1$，如图 4 - 1(a)所示。crossbar 连接模式决定了 T 时隙必有输入端口 i 与中间端口 0 相连，根据 DTS 规则可知，本时隙内 A0 必被转发，$P_{i,0}\leftarrow 1$，不妨设本时隙内同时有信元 C4 到达，如图 4 - 1(b)所示。在 $T+1$ 时隙输入端口 i 与中间端口 1 相连，则 A1 必被转发，$P_{i,0}\leftarrow 2$，同理不妨设本时隙内同时有信元 D1 到达，如图 4 - 1(c)所示。在 $T+2$ 时隙输入端口 i 与中间端口 2 相连，依据 DTS 的转发规则本时隙内没有信元可被转发，但事实上根据 $P_{i,2}=0$ 和 $P_{i,3}=1$ 可知，本时隙内转发 C2 或

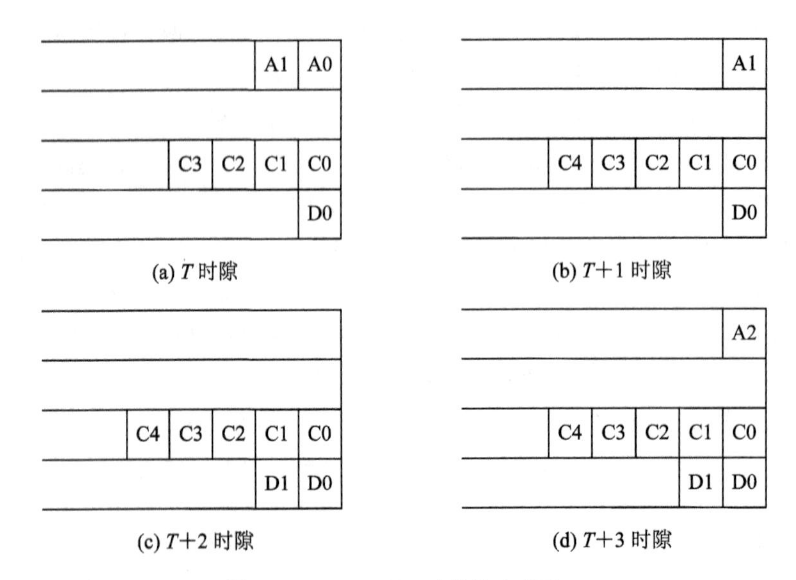

图 4-1　Byte-Focal 的输入商品 i

D1 均能保证信元相邻到达特性，不妨设本时隙内有信元 A2 到达，如图 4-1(d)所示。在 $T+3$ 时隙输入端口 i 与中间端口 3 相连，但同样的原因使得 C3 也不能被转发。

Byte-Focal 中这种因所有队首信元均不满足转发条件而造成的阻塞在成因和效果等方面都区别于 IQ 中的 HOL 问题，故本书称之为“伪队首阻塞”(Pseudo-Head of Line blocking，PHOL)。PHOL 导致 DTS 无法充分利用带宽资源，虽然 Byte-Focal 仍能达到 100%的吞吐率，但仿真结果表明，PHOL 明显恶化了 Byte-Focal 的第 1 级转发时延(见本章 4.7.1～4.7.3 小节)。

4.2.3　惯性服务模式问题

为降低算法的复杂度，DTS 在下一时隙的仲裁中总优先选择当前被服务的队列，本书称之为惯性服务模式(Inertial Serve Mode，ISM)。在某些极端环境中，ISM 会导致公平性的问题，致使某些数据流长期占据传输资源，而其他信元则长期等待。

假定 T 时隙输入端口 i 与中间端口 3 相连且在 T 时隙之初有 $P_{i,0}=3$，$P_{i,1}=0$，$P_{i,2}=2$ 及 $P_{i,3}=0$，如图 4-2(a)所示，则在 T 时隙信元 A0 必被转发且 $P_{i,0}\leftarrow 0$，不妨设本时隙内同时又有信元 B4 到达，如图 4-2(b)所示。基于 crossbar 的连接模式可知在 $T+1$ 时隙必有输入端口 i 与中间端口 0 相连，信元 B0 必被转发且 $P_{i,1}\leftarrow 1$，不妨设本时隙内有信元 B5 到达，如图 4-2(c)所示。在 $T+2$ 时隙必有输入端口 i 与中间端口 1 相连，信元 B1 必被转发且 $P_{i,1}\leftarrow 2$，不妨设本时隙内有信元 B6 到达，如图 4-2(d)所示。若每个时隙都到达一个 $C_{i,1}$，其他信元将长期等待，显然 DTS 无法保证流的公平性。

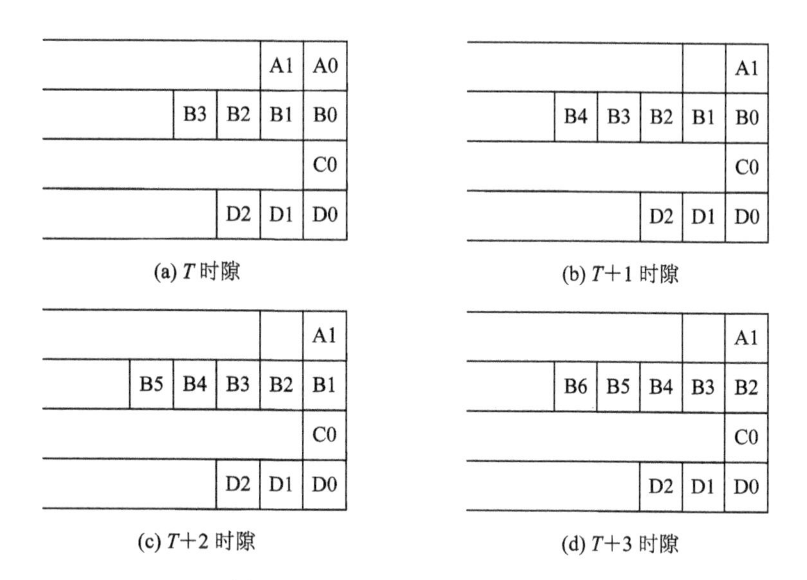

图 4-2　Byte-Focal 的输入端口 i

不仅如此，对于离散到达的数据流，ISM 还会导致流的聚合，仿真表明 Byte-Focal 中信元以小规模突发的形式离开 XB1，而在突发环境下这种聚合效应并不明显。

4.3　CFSB 结构

Flow Splitter 本质上是若干指针的集合。借助于合适的缓冲模式，Flow Splitter 可将同一个流的信元依次缓存于不同的缓冲队列，从而在保证数据流被均匀散布的同时实现交换结构的相邻到达特性。为此，本书首先提出将 Flow Splitter 与 Byte-Focal 显式结合的负载均衡交换结构 CFSB[15]，其结构如图 4-3 所示。CFSB 与 Byte-Focal 在结构上的不同之处在于输入端口所采用的转发策略，CFSB 摒弃了 Byte-Focal 基于 VOQ 缓冲模式（即 VOQ1）的 DTS 算法，取而代之的是基于 VCQ 缓冲模式的 Flow Splitter。

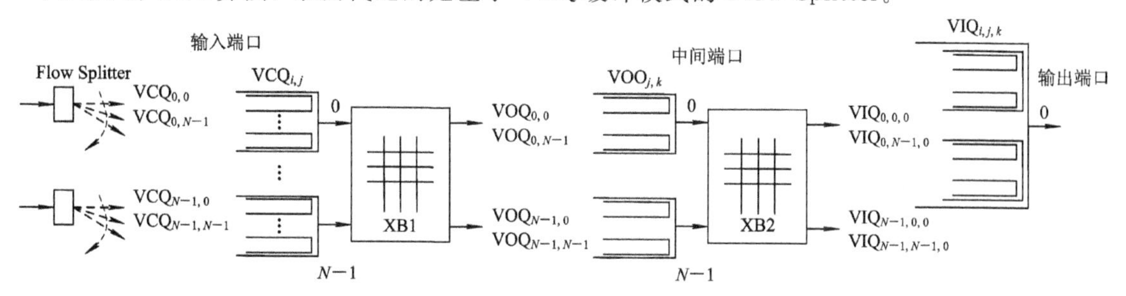

图 4-3　CFSB 结构

1. VCQ 缓冲模式

CFSB 结构中，任意输入端口 i 设置一个 Flow Splitter，内置 N 个指针 $P_{i,r}$($r=0$，1，2，…，$N-1$)分别用来记录数据流 $F_{i,k}$ 的下一个信元所应经过的中间端口号。信元 $C_{i,k}$ 到达输入端口 i 后读取指针 $P_{i,k}$ 的值(不妨设为 v)并将信元 $C_{i,k}$ 缓存于 $VCQ_{i,v}$ 中同时以 $P_{i,k} \leftarrow (P_{i,k}+1) \bmod N$ 的模式更新 $P_{i,k}$。

2. 调度过程

若 t 时隙 XB1 的输入端口 i 与中间端口 j 相连，则意味着所有应经中间端口 j 转发的信元均可在本时隙内转发，而由 Flow Splitter 和 VCQ 缓冲模式可知，$VCQ_{i,j}$ 队列中的所有信元均符合转发条件，故若 $VCQ_{i,j}$ 非空，则只需转发其队首信元即可，若 $VCQ_{i,j}$ 为空，则本时隙空置。

显然，Flow Splitter 和 VCQ 缓冲模式既能保证数据流被均匀散布到中间缓存，又可通过这种 $O(1)$ 复杂度的调度模式保证流的相邻到达特性，从而使得 CFSB 在输出端同样可以利用信元的转发路径恢复其先后次序，因此 CFSB 在输出端采用和 Byte - Focal 完全相同的 VIQ 结构的 RB 来实现信元的有序转发。

4.4 CFSB 的稳定性和吞吐率

本节中的理论分析都基于以下条件：

(1) 初始时刻所有缓冲区为空；

(2) 在一个时隙内，至多有一个信元到达输入端口，至多有一个信元离开输出端口；

(3) 若 $\lambda_{i,k}$ 表示流 $F_{i,k}$ 的负载率，则对任意 i，$k=0$，1，2，…，$N-1$，$\lambda_{i,k}$ 满足

$$\sum_{i=0}^{N-1}\lambda_{i,k}<1,\ \sum_{k=0}^{N-1}\lambda_{i,k}<1 \tag{4-1}$$

4.4.1 输入缓存分析

为证明 CFSB 的稳定性，在此引用文献[12]中的两个定义。

定义 4-2 记 Q 为交换结构中所有缓冲区的队长之和，若满足 $E[Q]<\infty$，则称交换结构是稳定的[12]。

定义 4-3 若输入端口 i 仅在其缓冲区中的全部信元数小于 $Q_i(t)$ 时，该端口才有可能是空闲的，则称输入端口 i 是 $Q_i(t)$ work - conserving 的[12]。这里的空闲是指没有一个信元可被转发的状态。

令 $q_{i,j}(t)$ 表示 t 时隙 $VCQ_{i,j}$ 中的信元数量，$q_{i,j}^{k}(t)$ 表示 t 时隙 $VCQ_{i,j}$ 中的 $C_{i,k}$ 数，则由路径指针 $P_{i,k}$ 的更新模式可得引理 4-1。

引理 4-1 t 时隙，对任意的 k、u、$v=0, 1, 2, \cdots, N-1$；$u \neq v$，有

$$|q_{i,u}^{k}(t)-q_{i,v}^{k}(t)| \leqslant 1, \ |q_{i,u}(t)-q_{i,v}(t)| \leqslant N \tag{4-2}$$

即各 VCQ 中的 $C_{i,k}$ 数之差不超过 1，各 VCQ 队长之差不超过 N。

引理 4-2 CFSB 的所有输入端口都是 $N(N-1)+1$ work-conserving 的。

证明 据引理 4-1，考虑任意输入端口 i，若存在 $q_{i,v}(t)=0(v=0, 1, 2, \cdots, N-1)$，则对任意 $j=0, 1, 2, \cdots, N-1$；$j \neq v$，必有：

$$\sum_{j \neq v} q_{i,j}(t) \leqslant N(N-1) \tag{4-3}$$

即必有 $Q_i(t) \leqslant N(N-1)$，反之，若有 $Q_i(t) > N(N-1)$，则对于任意 $j=0, 1, 2, \cdots, N-1$，必有 $q_{i,j}(t)>0$，这就意味着输入端口 i 的所有 VCQ 队列均不空，此时必有一个信元被转发。由定义 4-3 可知，CFSB 的所有输入端口都是 $N(N-1)+1$ work-conserving 的。

令 Q_1、Q_2 和 Q_3 分别表示 CFSB 中第 1、2、3 级缓存中的全部队长，根据假定条件(2)和引理 4-2 可知 $E[Q_1] \leqslant N(N-1)$。

4.4.2 中间缓存分析

对于中间缓存，可令到达任意输出端口 k 的负载率为 ρ，据假定条件(3)可知必有 $\rho<1$，由于 XB1 的负载均衡作用，数据流到达 $VOQ2_{j,k}$ 的负载率为 ρ/N，而 $VOQ2_{j,k}$ 的服务率为 $1/N$，据排队论 G/D/1 模型[122]可知中间缓存的 VOQ 队列是稳定的。即有 $E[Q_2]<\infty$。

4.4.3 输出端缓存分析

对于输出端缓存，首先注意到 Flow Splitter 控制的第 1 级转发引擎无法保证信元的先入先出特性，这样就会导致同一个流的信元以失序状态离开 XB1。文献[6]已指出，这种情况下信元在第 1 级的最大时延值为 $N(N-1)$。其次，文献[8]已指出在信元有序到达中间缓存的情况下，输出端为调整信元顺序所需的最大缓冲容量为 N^2 个信元空间。故 CFSB 在输出端的重排序缓存最多只需 $2N^2-N$ 个信元空间，即有 $E[Q_3] \leqslant 2N^2-N$。

综合以上分析可知，CFSB 结构中所有三级缓存都不会无限增大，即该结构是稳定的，可保证 100%的吞吐率。

4.5 LB-IFS 结构

CFSB 基于 Flow Splitter 和 VCQ 缓冲模式相结合的第 1 级转发策略会导致信元在离开 XB1 时无法保持先入先出特性，亦即信元在进入中级缓存之时就已经失序。图 4-4 为一个 4×4 的 CFSB 结构示例，不失一般性，不妨设信元 A、B 和 C 为流 $F_{i,k}$ 在连续的 3 个时

隙内到达的 3 个信元，若信元 A 到达输入端口 i 时指针 $P_{i,k}=0$，则信元 A、B、C 必被缓存于 $VCQ_{i,0}$、$VCQ_{i,1}$ 和 $VCQ_{i,2}$。由 crossbar 连接模式的确定性可知，信元 A、B、C 离开 XB1 的顺序必为 C、B、A。相对于 Byte - Focal，CFSB 的这种缺陷势必导致其信元在输出端的失序概率和失序程度加剧。表现在性能上就是信元为避免失序而需在输出端等待的平均重排序时延可能增加，相应地，CFSB 就需要在输出端设置更大容量的重排序缓存。4.7.2 小节的仿真结果也证实了这一点。

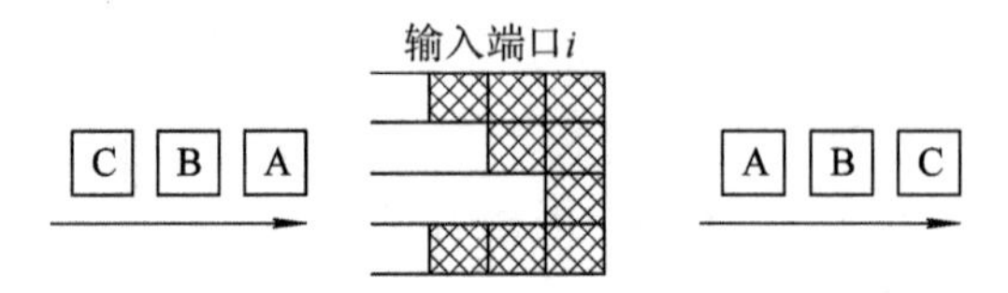

图 4 - 4　CFSB 的缺陷示意图

针对 CFSB 这一缺陷，本书通过将 Flow Splitter 和 Byte - Focal 进行隐式结合的方法提出 LB - IFS 结构[16]。该结构通过引入隐式 Flow Splitter 的工作机制避免了 CFSB 的缺陷，从而获得了更优的时延性能。

LB - IFS 采用和 CFSB 相似的两级 crossbar 和三级缓冲结构，中间缓存同样采用 VOQ 模式，其关键特性在于第 1 级缓存采用 VOQ+VCQ 双缓冲模式(Double - Buffering Mode, DBM)，如图 4 - 5 所示。LB - IFS 利用隐式 Flow Splitter 控制第 1 级转发，既能将信元均匀散布到中间缓存又能保证信元离开 XB1 时保持先入先出特性。

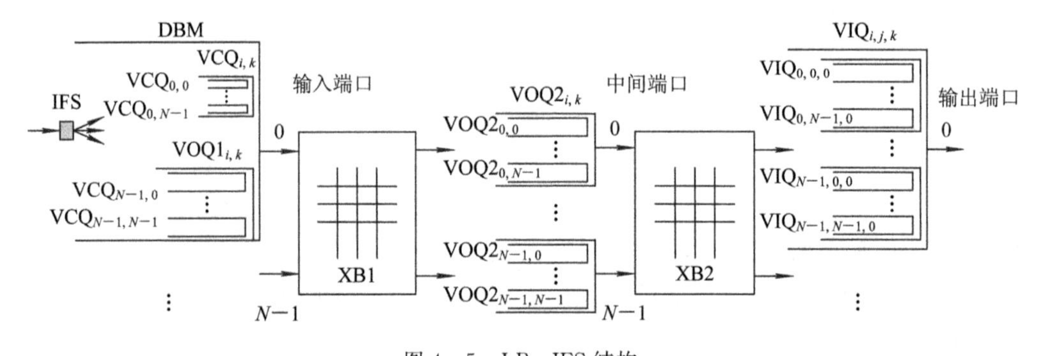

图 4 - 5　LB - IFS 结构

4.5.1 双缓冲模式

LB - IFS 为任意输入端口 i 设置一个 Flow Splitter，其中包含 N 个指针 $P_{i,k}$，$k=0, 1, \cdots, N-1$，$P_{i,k}$ 用于指示 $F_{i,k}$ 下一个信元的转发路径。系统为每个到达的信元生成一个转发请求 J，双缓冲模式(如图 4 - 6 所示)中的 VOQ1 用于存储信元实体(包括附加的路径信息)，VCQ 用于存储该信元的转发请求 J，$C_{i,k}$到达输入端口 i 时，需执行以下步骤：

step1. 读取 $P_{i,k}$的值(不妨设此时 $P_{i,k}$的值为 v)，将 v 和 $C_{i,k}$组合为$\mathcal{C}_{i,k}$。

step2. 生成一个 $F_{i,k}$的转发请求 $J_{i,k}$。

step3. $P_{i,k} \leftarrow (P_{i,k}+1) \bmod N$，将$\mathcal{C}_{i,k}$和 $J_{i,k}$分别缓存于 $VOQ1_{i,k}$和 $VCQ_{i,v}$。

$J_{i,k}$仅仅表示 $F_{i,k}$的一个转发请求，与 $F_{i,k}$的具体信元无关，故 $J_{i,k}$只需包含 $F_{i,k}$的目的端口 k 即可。

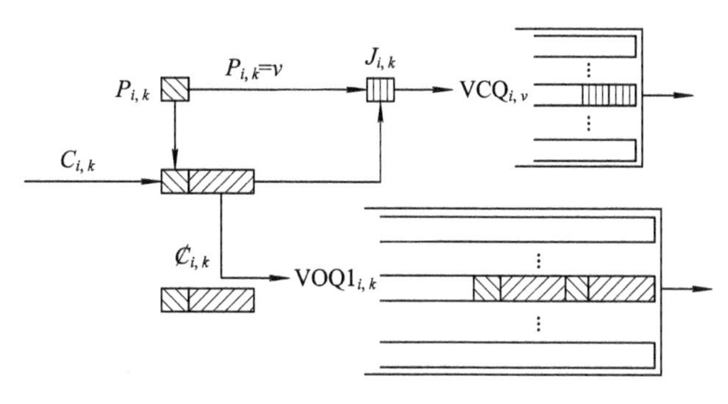

图 4-6　双缓冲模式

4.5.2　两步调度策略

LB-IFS 的第 1 级转发采用两步调度策略，若 t 时隙 XB1 的输入端口 i 与中间端口 j 相连，则 t 时隙的调度策略如下：

step1. 若 $VCQ_{i,j}$空，表示等待队列中没有需经路径 j 转发的信元，转发结束。否则转 step2；

step2. 读取并移除 $VCQ_{i,j}$队首的请求指针，不妨设其值为 u，转发 $VOQ1_{i,u}$的队首信元，转发结束。

可以看出转发引擎从 VCQ 中获取的仅仅是当前应转发的信元所属的流，尔后根据该流标识转发相应 VOQ1 的队首信元。虽然转发引擎是由基于 Flow Splitter 的 VCQ 所控制的，但从信元的存储和转发角度来看，信元仅仅是依据 FCFS 原则进行存储和转发，并不涉及流量的负载均衡，犹如不存在 Flow Splitter 一样，故本书称之为隐式的 Flow Splitter。

4.5.3　重排序过程

定义 4-4　理论转发路径(Theoretical Forwarding Path，TFP)：信元 $C_{i,k}$到达输入端口 i 时 $P_{i,k}$的值称为 $C_{i,k}$的理论转发路径。

由 $P_{i,k}$的更新模式可知，信元的理论转发路径蕴藏了其先后次序，在输出端只有利用信元的理论转发路径才能借助 VIQ 缓冲模式完成重排序过程。

定义 4-5 真实转发路径：信元基于两步调度策略被转发到输出端所经过的中间端口称为该信元的真实转发路径。

由于 VOQ1 中的信元实体和 VCQ 中的转发请求没有一对一的联系，故信元的真实转发路径并不一定等同于其理论转发路径，很明显隐式 Flow Splitter 虽然能将同一个流的信元均匀散布到中间缓存，但无法保证流的相邻到达特性，故在输出端只能依据信元所携带的理论转发路径来恢复信元的先后顺序，从而完成重排序过程。因此，在输出端 LB-IFS 采用如下方式保证信元的有序转发：

（1）在任意输出端口 k 设置 VIQ 结构的 RB。

（2）在输出端，若$\mathbb{C}_{i,k}$的理论转发路径为 j，则将相应的 $C_{i,k}$ 缓存于 $VIQ_{i,j,k}$。

（3）在任意输出端口 k 设置 N 个指针 $G_{i,k}$ 分别指示流 $F_{i,k}$ 的 HOF 所应到达的 VIQ 子队列，信元的转发和指针 $G_{i,k}$ 的更新同 Byte-Focal 及 CFSB。

显然，LB-IFS 和 Byte-Focal 及 CFSB 在输出端的处理方式仅仅在于用信元的理论转发路径替代了信元的真实转发路径，故同样能够保证信元的有序转发。

4.6 LB-IFS 的稳定性和时延

4.6.1 LB-IFS 的稳定性分析

定理 4-1 在相同的交换环境中，LB-IFS 和 CFSB 具有等价的第 1 级时延性能。

证明 LB-IFS 和 CFSB 均采用基于 VCQ 缓存的转发策略，不失一般性，不妨设 t 时隙 XB1 的输入端口 i 与中间端口 j 相连，则若此时 CFSB 结构中 $VCQ_{i,j}$ 的队首信元为流 $F_{i,r}$ 的信元，则在相同的交换环境中，LB-IFS 结构的 $VCQ_{i,j}$ 的队首请求指针必为 $J_{i,r}$，即此时 LB-IFS 必将转发 $VOQ1_{i,r}$ 的队首信元。故 LB-IFS 和 CFSB 在任意 t 时隙或者均无法转发信元，或者转发属于同一个流的信元。因此，在相同的交换环境下，LB-IFS 和 CFSB 具有等价的第 1 级时延性能。

定理 4-2 在相同的交换环境中，LB-IFS 和 CFSB 具有等价的第 2 级时延性能。

证明 为不失一般性，考虑相同交换环境中 CFSB 和 LB-IFS 的中间端口 j，由定理 4-1 可知，在任意时隙 t，或者均无信元到达二者的中间端口 j，或者有属于同一个流的信元到达二者的中间端口 j。另一方面，CFSB 和 LB-IFS 的第 2 级转发阶段同样都只依据信元所属的流进行缓存和转发，故二者的第 2 级时延性能同样是等价的。

LB-IFS 中同一个流的信元实体(包含其理论转发路径 TFP)均缓存于 VOQ1 中，其先入先出的存取模式决定了 LB-IFS 能够保证信元在离开 XB1 时保持先入先出特性。

文献[8]表明，在信元有序到达中间缓存的情况下，LB－IFS 为调整信元顺序在任意输出端口至多只需设置 N^2 个信元的缓存空间。

综合上述分析可知 LB－IFS 是稳定的，可保证 100%的吞吐率。

4.6.2 LB－IFS 的时延分析

信元在 LB－IFS 中需经历三级排队时延，本节仅分析 LB－IFS 在均匀业务流环境中的排队时延，输入端口的负载率记为 λ。

对于第 1 级时延，令 $a_{i,j}(t)$表示 t 时隙到达 $VCQ_{i,j}$ 的信元数，$q_{i,j}(t)$表示 t 时隙 $VCQ_{i,j}$ 的队长，指针 $P_{i,k}$在 t 时隙的值记为 $P_{i,k}(t)$，据 $P_{i,k}$的更新模式可知，$\{P_{i,k}(t),\ t\geqslant 0\}$是一个齐次马氏链且其状态空间为$\{0,1,2,\cdots,N-1\}$，故当 $t\to\infty$时必存在稳态分布 π 且有：

$$\pi=\left\{\frac{1}{N},\ \frac{1}{N},\ \cdots,\ \frac{1}{N}\right\}$$

于是 $a_{i,j}(t)$可近似为一个到达率为$\dfrac{\lambda}{N}$的 Bernoulli 过程，若 t 时隙 XB1 的输入端口 i 与中间端口 j 相连，则有：

$$q_{i,j}(t+n)=q_{i,j}(t)+\sum_{s=1}^{n}a_{i,j}(t+s),\quad n=1,\ 2,\ \cdots,\ N-1 \tag{4-4}$$

$$q_{i,j}(t+N)=\left[q_{i,j}(t)+\sum_{s=1}^{N}a_{i,j}(t+s)-1\right]^{+} \tag{4-5}$$

文献[123]已给出公式(4－5)的解为

$$E[q_{i,j}(t)]=\frac{(N-1)\lambda^2}{2N(1-\lambda)},\quad t=0,\ N,\ 2N,\ 3N,\ \cdots \tag{4-6}$$

$$E[q_{i,j}(t+s)]=E[q_{i,j}(t)]+\frac{s\lambda}{N},\quad s=1,\ 2,\ \cdots,\ N-1 \tag{4-7}$$

$$E[q_{i,j}(\infty)]=\frac{\sum_{s=0}^{N-1}E[q_{i,j}(T+s)]}{N}=\frac{\lambda(N-1)}{2N(1-\lambda)} \tag{4-8}$$

若令 d_1表示信元在第 1 级缓存中的平均排队时延，则依据 Little 公式[123]可得：

$$d_1=\frac{N-1}{2(1-\lambda)} \tag{4-9}$$

考虑到经第 1 级转发后到达 $VOQ2_{i,j}$ 的过程同样可以近似为一个到达率为 λ/N 的 Bernoulli 过程，故信元在中间缓存的平均排队时延 d_2 为

$$d_2=\frac{N-1}{2(1-\lambda)} \tag{4-10}$$

对于第 3 级即输出端时延，可考虑 $F_{i,k}$ 的一个特定的信元，不妨记为 TC(Tagged Cell)，显然 TC 之后的信元不会影响 TC 的输出端时延，若 TC 的转发路径为 j，由于 Flow

Splitter 将同一个流的信元均匀地散布到中间缓存，故 TC 的输出端时延仅与先于 TC 到达的前 $N-1$ 个信元有关且这些信元的路径分别为 $j+1$，$j+2$，…，$N-1$，0，1，…，$j-1$。这种情况下文献[12]已证明输出端的平均时延大致与 N 呈线性关系。

4.7 仿真分析

为验证 CFSB 和 LB - IFS 的有效性，本书用 32×32 的仿真模型将 OQ、4 - iSLIP、Byte - Focal、CFSB 和 LB - IFS 一起在均匀流量模型、突发流量模型和 Hot - spot 流量模型环境中进行仿真分析。为验证上述 5 种结构的交换性能极限，仿真中假定各级缓存无限大。

4.7.1 均匀业务流环境

图 4 - 7 所示为四种结构在均匀业务流环境下的时延，由于源数据已经是均匀业务流，故 Byte - Focal、CFSB 和 LB - IFS 中 XB1 的均衡作用并不明显，时延性能比传统的 iSLIP 等交换结构差。对于同为负载均衡交换结构的 Byte - Focal、CFSB 和 LB - IFS 而言，因 CFSB 和 LB - IFS 能够有效避免 Byte - Focal 的 PHOL 问题而使得二者的时延性能均优于 Byte - Focal。

图 4 - 8、图 4 - 9 和图 4 - 10 分别为 Byte - Focal、CFSB 和 LB - IFS 在均匀业务流环境下的第 1、2 和 3 级时延。

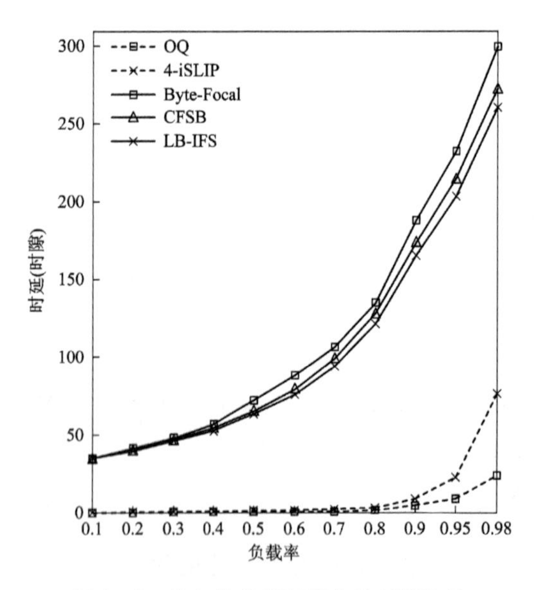

图 4 - 7 均匀业务流环境中的时延比较

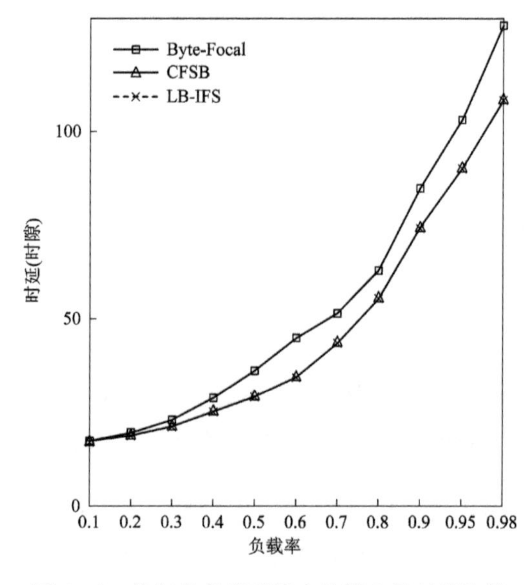

图 4 - 8 均匀业务流环境中的第 1 级时延比较

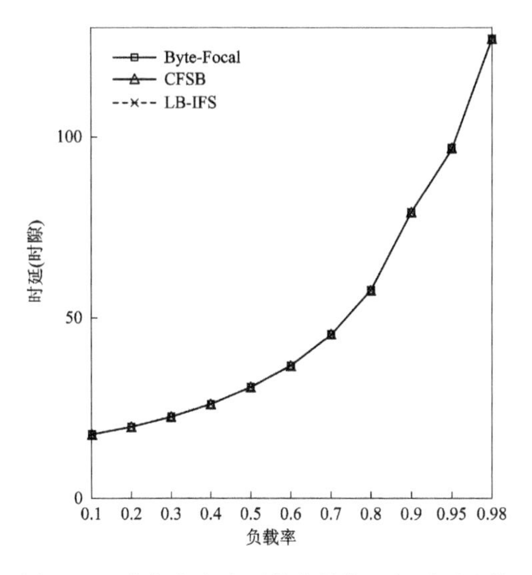

图 4-9　均匀业务流环境中的第 2 级时延比较

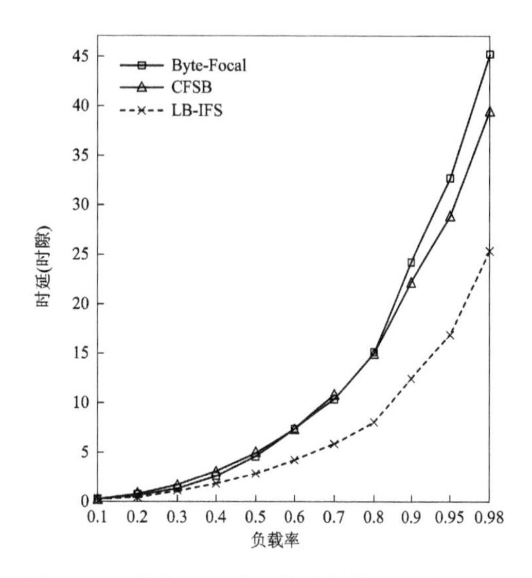

图 4-10　均匀业务流环境中的第 3 级时延比较

从图中可以看出：

(1) CFSB 和 LB-IFS 得益于第 1 级转发阶段避免了 PHOL 问题而使得其时延性能显著地优于 Byte-Focal。

(2) CFSB 和 LB-IFS 具有完全一致的第 1、2 级时延性能，与定理 4-1 及定理 4-2 的结论吻合。

(3) 在均匀业务流环境中 CFSB 和 LB-IFS 的第 3 级时延优于 Byte-Focal。

这一现象的原因在于 Byte-Focal 的 ISM 使得离散到达的业务流以小规模突发的形式离开 XB1。仿真显示在负载率为 98%的情况下，这种突发的平均长度为 3.56，而 CFSB 和 LB-IFS 中的突发平均长度仅为 1.33。不妨令 C1 和 C2 为同一个流中连续的两个信元且 C2 比 C1 晚 s 个时隙进入中间缓存。显然 s 越大，失序的可能性越小，重排序时延均值也越小，故在均匀业务流环境中 Byte-Focal 具有更高的第 3 级时延。

值得说明的是，虽然 CFSB 和 LB-IFS 同样避免了 PHOL 和 ISM 的问题，但正是由于其信元离开 XB1 时无法保持先入先出特性而使其信元在输出端失序的概率和程度加剧，从而恶化了重排序时延。在极端情况下可能导致其重排序时延超过 Byte-Focal。

4.7.2　突发业务流环境

突发业务流采用 ON-OFF 模型[87]产生，平均突发长度设为 64，图 4-11 所示为 OQ、4-iSLIP、Byte-Focal、CFSB 和 LB-IFS 在突发业务流环境中的时延。如图中所示，突发环境中 4-iSLIP 的时延性能随负载率的上升迅速恶化，而 Byte-Focal、CFSB 及

LB－IFS 等负载均衡交换结构则由于 XB1 的负载均衡作用而使得性能趋近于 OQ，但相比 Byte－Focal，CFSB 和 LB－IFS 仍具有更优的时延性能。基于同样的原因，三者之中，LB－IFS 仍具有最优的时延性能，CFSB 次之，Byte－Focal 最差。

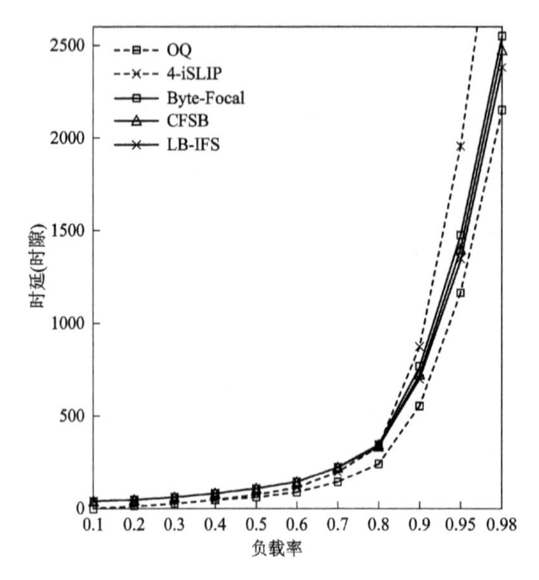

图 4－11　突发业务流环境中的时延比较

图 4－12 所示为 Byte－Focal、CFSB 和 LB－IFS 在突发业务流环境下的第 3 级时延性能

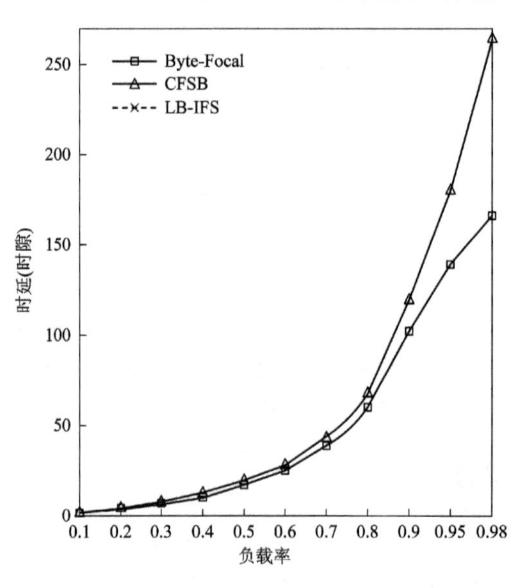

图 4－12　突发业务流环境中的第 3 级时延比较

比较。由于在突发环境下，ISM 所导致的流聚合效应并不明显，故 LB - IFS 和 Byte - Focal 的第 3 级时延基本相同。然而 CFSB 却因为第 1 级转发的缺陷使得其第 3 级时延明显恶化。

4.7.3　Hot - spot 业务流环境

Hot - spot 业务流模型中信元以 Bernoulli i. i. d. 过程到达输入端口 i，但信元以 2/3 的概率到达目的端口 i，以等概率到达其余端口。图 4 - 13 所示为 OQ、4 - iSLIP、Byte - Focal、CFSB 和 LB - IFS 结构在 Hot - spot 业务流环境中的时延比较。如图 4 - 13 中所示，负载率超过 80％的情况下，4 - iSLIP 已经不稳定，基于相同的原因，LB - IFS 的时延性能仍为三者之中最优，CFSB 次之，Byte - Focal 最差。

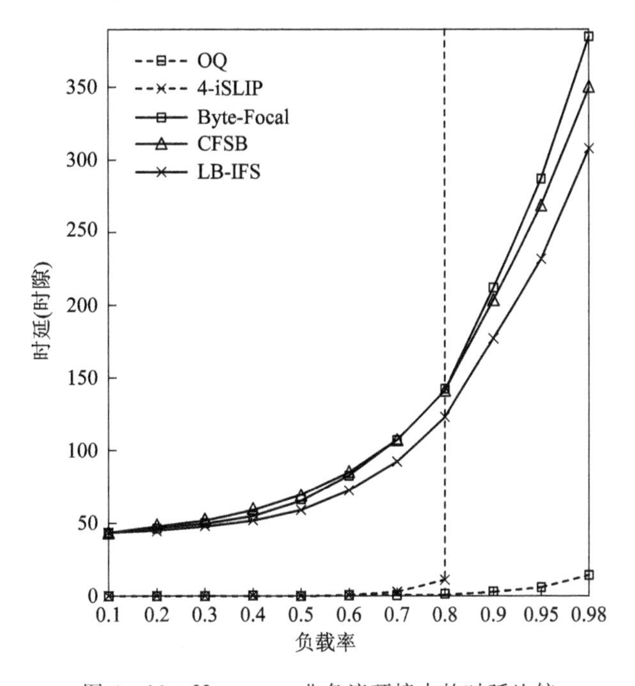

图 4 - 13　Hot - spot 业务流环境中的时延比较

本章小结

本章研究了将 Flow Splitter 和 Byte - Focal 相结合的负载均衡交换结构 CFSB 和 LB - IFS，二者的创新之处在于既保留了 Byte - Focal 结构简单且无需在交换结构和线卡之间进行额外通信的特点，又以全流程 $O(1)$ 复杂度解决了信元失序问题，同时二者时延性能均优于 Byte - Focal。

CFSB采用Flow Splitter和LB-IFS“显式”结合的方法，在实现全流程$O(1)$复杂度的同时，也获得了更优的时延性能。但其输入端的转发机制可能导致信元在离开XB1时无法保持先入先出特性，这一缺陷使得CFSB结构中信元在输出端的失序概率和失序程度加剧，表现在性能上就是恶化了CFSB的重排序时延同时使之需要更大容量的重排序缓存。

针对这一缺陷，LB-IFS通过引入“隐式”Flow Splitter的方法解决了这一问题，同时利用信元的理论转发路径通过变通的方法保证了流的相邻到达特性，使之能够方便地采用与Byte-Focal类似的VIQ结构的RB来解决信元失序问题，同时相比CFSB，其时延性能得到进一步优化。

LB-IFS的代价有以下两个方面：

(1) 每个信元都需要携带自身的理论转发路径，对于长度为128Byte的信元，在交换端口数为256的交换结构中，带宽利用率为99.22%，故其影响可以忽略不计。

(2) 双缓冲模式的设计增加了硬件实现的复杂度，但考虑到VCQ中存储的仅仅是请求指针，硬件开销不大，故LB-IFS结构仍具有较高的可行性。

第 5 章　基于二次反馈的两级交换结构

5.1 引　　言

LB-IFS 以相对简单的结构实现了全流程 $O(1)$复杂度且其时延性能优于 Byte-Focal，此外在线卡和交换结构之间不需要额外的通信也使得该结构可以方便地应用于超大规模和多机柜交换环境。但其时延性能相对于迄今为止理论性能最优的负载均衡交换结构 FTSA 而言仍存在明显不足。

FTSA 的仿真结果表明其时延性能远优于现有其他负载均衡交换结构，但其自身也存在一定的缺陷，这些缺陷甚至导致其优异的理论性能无法实现。本书经研究发现 FTSA 存在如下三方面的问题：

(1) 需在线卡和交换结构之间进行必要的通信。

(2) 算法复杂度较高。

(3) 对调度算法的时间限制较为苛刻。

对于第一个问题，因为 FTSA 正是借助交换结构向线卡进行信息反馈的方法才获得了极其优异的理论时延性能，故从这一角度来看，其第一个问题是无法避免的。但考虑到 FTSA 极其优异的理论交换性能，故在较为一般的应用环境中 FTSA 仍然具有较大的实用价值。正是基于这一原因，本书针对其第二和第三个问题研究 FTSA 的改进方案，使之具有更优的高速交换能力和扩展性，从而适应未来的高速交换环境。

5.2 FTSA 的缺陷和解决方案

作为解决失序问题的 B 类方案，FTSA[13] 在输出端无须设置重排序缓存。如图 2-28 所示，FTSA 结构由两级 crossbar(XB1、XB2)和两级缓冲组成，输入缓存和中间缓存均采用 VOQ 缓冲模式，$VOQ1_{i,k}$用于缓存到达输入端口 i 且目的端口为 k 的信元，$VOQ2_{j,k}$用以缓存经中间端口 j 且目的端口为 k 的信元。

FTSA 结构具有如下特性：

(1) FTSA 中的两级 crossbar 采用类似图 2-29 所示的错列对称连接模式，其关键特征在

于若 t 时隙中间端口 j 与输出端口 k 相连，则 $t+1$ 时隙必有输入端口 k 与中间端口 j 相连。

(2) FTSA 的第 2 级转发阶段在任意一个时隙需先完成信元传输，尔后继续将中间端口处的缓存状态信息(N - bit)传输至输出端口。

考虑 t 时隙中间端口 j 与输出端口 k 相连，则在 t 时隙的信元传输之后，中间端口 j 的 N - bit 缓存状态信息继续通过 XB2 传输至输出端口 k，考虑到实践中输入端口 k 和输出端口 k 位于同一线卡，故该缓存状态信息可方便地由输出端口 k 反馈至输入端口 k。而由错列对称的 crossbar 连接模式可知，$t+1$ 时隙恰有输入端口 k 与中间端口 j 相连，亦即在 $t+1$ 时隙的信元传输之前，输入端口 k 可根据目的端口(中间端口 j)的缓存状态信息进行“有的放矢”的信元调度。正因为如此，FTSA 获得了极其优异的理论性能。

特别地，FTSA 在中间缓存采用单信元缓冲模式，即 FTSA 为任意 $VOQ2_{j,k}$ ($j,k=0$，1，2，…，$N-1$)仅设置一个信元的缓存空间，故 FTSA 的算法调度过程仅发生在输入端口处。

5.2.1 FTSA 的算法复杂度

文献[13]为 FTSA 提出最长队列优先(Longest Queue First，LQF)、轮询(Round Robin，RR)和最早离去者优先(Earliest Departure First，EDF)三种算法。

虽然 LQF 算法性能最优但由于最长队列并不一定是符合条件的(目标位置可能非空)，故最坏情况下需搜索 N 次才能获得符合条件的队列。文献[13]称 RR 算法相对易于实现，事实上依据 Round - Robin 规则所选择的下一个队列同样并不一定符合要求，故最坏情况下也需要搜索 N 次。EDF 算法策略是在任意输入端口 i 都按 $VOQ1_{i,i-2}$，$VOQ1_{i,i-3}$，…，$VOQ1_{i,0}$，$VOQ1_{i,N-1}$，…，$VOQ1_{i,i-1}$ 的顺序搜索第一个符合条件的队列，最坏情况下同样需要搜索 N 次。

上述分析表明，最坏情况下 FTSA 中的现有算法均具有 $O(N)$ 的复杂度。过高的复杂度不但使 FTSA 无法较好地满足未来的高速交换需求而且会使得算法耗时与交换规模 N 有关，从而降低了其可扩展性。

5.2.2 FTSA 对算法的时间限制

FTSA 中信元传输和算法调度严格串行，如在 t 时隙末将中间端口的 N - bit 缓存状态信息传递至输出端口，不妨设为 k 端口，则在 crossbar 重配置时间内需完成两项任务：

(1) 将到达输出端口 k 的 N - bit 信息反馈至输入端口 k。本书将这一时间记为 T_F(Feedback)，考虑到输入端口 k 和输出端口 k 位于同一线卡，故可通过固定的电子线路在一个时钟周期内完成，即 T_F 耗时极少。

(2) 输入端口基于自身的缓存状态信息和反馈到达的 N - bit 缓存信息完成算法调度过程。因为 crossbar 重配置完成后，下一个时隙的信元就应立即开始传输，故必须在 crossbar

重配置时间内完成调度，从而为下一时隙选择待转发的信元。

若记 crossbar 重配置时间为 T_R(Reconfiguation)，记 FTSA 所允许的算法调度时间为 T_{FTSA}，则有：

$$T_{FTSA} = T_R - T_F \qquad (5-1)$$

T_R本质上取决于 crossbar 交叉点的开关速度，目前成熟的商用芯片的工作频率可达 4 GHz 以上，但存储技术的发展却相对滞后，目前最快的存储器的存取周期约为 1 ns。虽然 T_F因输入端口和输出端口位于同一线卡而耗时较少，但对最坏情况下需要搜索 N 次且需多次比较操作的算法而言，在 $T_R - T_F$时间内完成算法调度过程是极其困难的，这种方案势必导致信元传输等待调度结果，时隙长度必然超出信元传输时间与 crossbar 重配置时间之和，使得 FTSA 以时隙为单位的理论性能无法实现。

5.2.3　"开源节流"的解决方案

针对 FTSA 的两个缺陷，本书拟利用"开源节流"的思想来解决，所谓"开源"即在保持反馈制交换结构的性能优势的同时尽力拓展调度算法的时域空间，增加交换结构所允许的算法调度时间。所谓"节流"即尽可能降低算法复杂度，从而降低算法耗时。最理想的情况是将算法复杂度降为 $O(1)$，从而实现全流程 $O(1)$复杂度。

不难发现，单纯从"开源"或"节流"的角度都无法从根本上解决 FTSA 所存在的两个问题，故应寻求能够相互结合并协同工作的"开源"和"节流"方案。

5.3　"开源"方案 DFTS

FTSA 对算法执行时间的限制问题关键在于信元传输和算法调度的串行工作模式，因此本书首先利用二次反馈和接力调度模式，提出一种"开源"方案——基于二次反馈的两级交换结构 DFTS[17]，DFTS 能够使调度算法和信元传输并行工作，从而有效拓展了算法的时域空间。

5.3.1　DFTS 结构和二次反馈模式

作为 FTSA 的改进方案，DFTS 在结构、crossbar 的连接模式及 VOQ2 的缓存设置方面与 FTSA 完全一致，不同之处在于 DFTS 采用二次反馈和接力调度模式。

所谓二次反馈，即中间端口 j 在一个时隙的起始和结束时刻分别向输入端口反馈一次中间端口的缓存状态信息。信元传输之前反馈的缓存信息并不包含本时隙内到达的信元信息，故称为非完备缓存信息，记为 V；信元传输之后反馈的缓存信息准确反映了中间缓存的状态，记为 U。二次反馈的时序操作如图 5－1 所示。

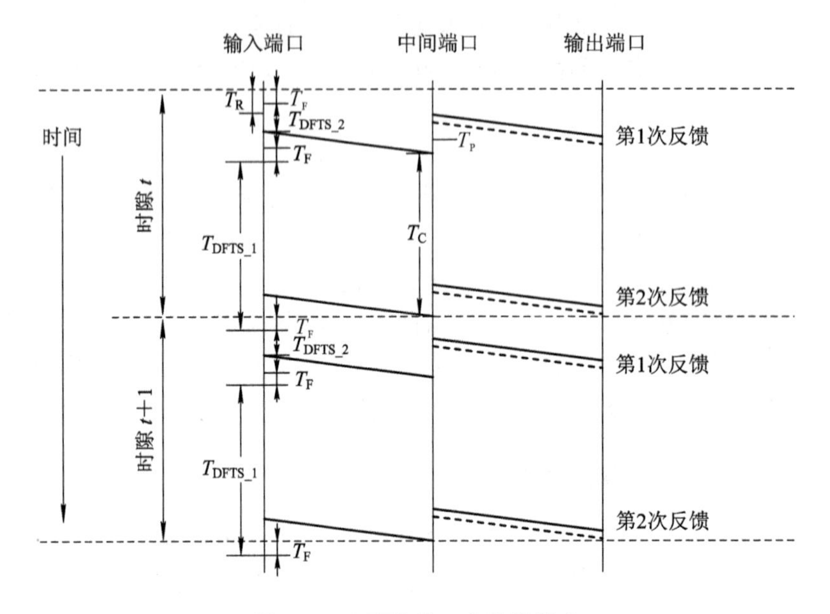

图 5-1 DFTS 的二次反馈模式

5.3.2 V 的创建规则

为区别不同时隙的 U 和 V，本书用 $V_t(U_t)$ 表示 t 时隙反馈的 $V(U)$。考虑图 2-29 所示的 crossbar 连接模式，不妨设 t 时隙输入端口 i 经中间端口 j 与输出端口 $i-1$ 相连，则 $t+1$ 时隙必有输入端口 $i-1$ 经中间端口 j 与输出端口 $i-2$ 相连。为不失一般性，以下分析均假定 V 和 U 所记录的都是中间端口 j 的缓存状态信息。为使非完备信息 V 尽可能接近第 2 次反馈得到的完备信息 U，DFTS 中 V_t 并不简单地等同于 U_{t-1}，V_t 的创建还要考虑 t 时隙 crossbar 连接模式的影响。为此，DFTS 中 V_t 的创建规则如下：

(1) 因 t 时隙中间端口 j 与输出端口 $i-1$ 相连，本时隙结束前瞬间 $VOQ2_{j,i-1}$ 中的信元(若存在)必然会被转发，考虑到本时隙内恰有信元 $C_{i,i-1}$ 到达的概率较小，故可将 $V_t[i-1]$ 置 1；

(2) 因 $t+1$ 时隙必有中间端口 j 与输出端口 $i-2$ 相连，$VOQ2_{j,i-2}$ 中的信元(若存在)在 $t+1$ 时隙必然会被转发，考虑使用双端口存储器，信元从读端口被读出的同时，允许输入端口 $i-1$ 向 $VOQ2_{j,i-2}$ 转发信元，故应将 $V_t[i-2]$ 置 1；

(3) 对于任意 $r=0,1,2,\cdots,N-1$ 且 $r\neq i-1$，$r\neq i-2$，若 $VOQ2_{j,r}$ 为空则 $V[r]\leftarrow 1$，否则 $V[r]\leftarrow 0$。

5.3.3　DFTS 的接力调度模式

由于非完备信息 V 在信元传输之前已被先行传输至输出端口且 V 从输出端口反馈至同一线卡的输入端口耗时极少，故在信元开始传输的同时，输入端口即可同步开展基于 V 的算法调度，本书称此次调度为 DFTS 的第 1 级调度，此过程起始于 V 反馈至输入端口，终止于 U 反馈至输入端口，其所允许的时长记为 T_{DFTS_1}（单位：时隙）。然而 V 的非完备性决定了基于该信息的调度结果有可能不是最佳的，甚至有可能是错误的。因此必须利用第 2 次反馈得到的完备信息 U 来矫正，如图 5－1 所示。

U 反馈至输入端后对一级调度的结果进行选择的过程称为 DFTS 的第 2 级调度，其所允许的时长记为 T_{DFTS_2}。本书称这种分步骤、逐层递进的调度模式为接力调度模式（Relay Scheduling Mode，RSM）。后文中的定理 5－1 表明，V 和 U 至多只有 1 个 bit 不同，亦即至多可能出现一个错误调度结果，这样若 DFTS 在每次一级调度中试图寻求两个调度结果：一个最优结果和一个次优结果，那么其中必有一个是真正最优的。因此，基于文献[13]中的 RR、EDF 和 LQF 算法，本书提出一级调度中对应的 RR/2、EDF/2 和 LQF/2 算法。

RR/2（EDF/2、LQF/2）和 RR（EDF、LQF）算法的区别在于每次调度 RR/2（EDF/2、LQF/2）都试图寻找一个最优结果和一个次优结果，鉴于可能只得到 1 个结果甚至是空结果，RR/2（EDF/2、LQF/2）除了要输出两个结果外，还输出有效调度结果数 r（$r\leqslant 2$）来指示两个调度结果的有效性，如 $r=1$ 表示只得到 1 个有效结果等。

RR/2 算法中在任意输入端口 i 均设置指示下一次调度起点的指针 P_i，调度结果分别存放于 optimal[0]和 optimal[1]中，第 1 级调度的算法描述如下：

```
初始化变量：r=0，h=Pi；
if (VOQ1i,i-2 not empty and V[i-2]=1)
{
    optimal[r]←i-2；r←r+1；
}
if (VOQ1i,h not empty and V[h]=1)
{
    optimal[r]← h；r←r+1；
    if (r=2) exit；
    else h←(h-1) mod N；
}
while ( h≠Pi)
{
    if (h=i-2)      h←(h-1) mod N；
    else if(VOQ1i,h not empty and V[h]=1)
```

```
{
optimal[r]←h; r←r+1;
    if (r=2) exit;
  else h←(h−1) mod N;
  }
}
```

为便于描述，不妨将第 1 级调度的最优结果记为 x，次优结果记为 y。第 2 级调度过程就是依据第 1 级调度的调度结果数 r 和第 2 次反馈获得的 $U[x]$信息来确定最终的调度结果。

若用 R 标识第 2 级调度结果的有效性，即 $R=1$ 表示调度结果有效，$R=0$ 表示调度结果无效，$S=0$ 表示第 2 级调度选择 x 作为最终调度结果，$S=1$ 表示选择 y 作为最终调度结果，则第 2 级调度算法如下：

```
if(r=0)
{  R←0;   S输出无意义; }
else if (r=1)
{
    if (U[x]=0)  {    R←0;    S输出无意义;    }
    else         {R←1;   S←0;   Pi←(x+1) mod N;   }
}
else
{
    if (U[x]=0)  {  R←1;   S←1;   Pi←(y+1) mod N;   }
    else         {  R←1;   S←0;   Pi←(x+1) mod N;   }
}
```

若用 r_1 和 r_0 分别表示 r 的高位和低位，$U[x]$的值用 u_x 表示，则 DFTS 的第 2 级调度可用公式(5－2)和公式(5－3)所确定的组合逻辑来实现，很明显，第 2 级调度具有 $O(1)$的计算复杂度，可在一个时钟周期内完成。生成 R 和 S 的逻辑函数如下：

$$R=\bar{r}_1 r_0 u_x+r_1\bar{r}_0 \tag{5-2}$$

$$S=r_1\bar{r}_0\bar{u}_x \tag{5-3}$$

5.4 DFTS 的相关理论分析

5.4.1 DFTS 的有效性

若记一个时隙的时间为 T_{SLOT}，记数据在 crossbar 上的传播时延为 T_{P}(Propagation)，记信元的传输时间为 T_{C}(Cell)，记 N－bit 的反馈信息的传输时间为 T_N，考虑到 $T_{\text{F}}<T_{\text{R}}$且

在一个时隙需要向输入端口反馈两次，故时隙长度 T_{SLOT} 可记为：

$$T_{\mathrm{SLOT}}=T_{\mathrm{R}}+2T_N+T_{\mathrm{C}}+T_{\mathrm{P}} \tag{5-4}$$

$$T_{\mathrm{DFTS\_1}}=T_{\mathrm{SLOT}}-T_{\mathrm{R}}-T_N-T_{\mathrm{P}}=T_N+T_{\mathrm{C}} \tag{5-5}$$

$$T_{\mathrm{DFTS\_2}}=2T_N+T_{\mathrm{R}}-T_{\mathrm{F}} \tag{5-6}$$

考虑 $T_{\mathrm{C}}\gg T_{\mathrm{R}}$，即相对于 FTSA，DFTS 为调度算法提供了更大的时域空间，这使得 DFTS 能够支持更大的交换规模和更高的交换速率。

5.4.2 DFTS 的调度性能

定义集合 $E_t=\{k|V_t[k]=1\}$，$E_t^*=\{k|U_t[k]=1\}$。依据图 2-29 所示的错列对称的 crossbar 连接模式可知，若 t 时隙输入端口 i 经中间端口 j 与输出端口 $i-1$ 相连，则在 $t-1$ 时隙必有输入端口 $i+1$ 经中间端口 j 与输出端口 i 相连，$t+1$ 时隙必有输入端口 $i-1$ 经中间端口 j 与输出端口 $i-2$ 相连。仍设 V_{t-1}、V_t 和 U_t 均为不同时刻中间端口 j 的缓存信息。

定理 5-1 对于任意 t 时隙，V_t 和 U_t 至多有 1 个 bit 不同。

证明 令集合 ω_t 表示 t 时隙结束前瞬间 $\mathrm{VOQ2}_{j,k}$ 为空的队列集合，即：

$$\omega_t=\{k|t\text{ 时隙结束前瞬间 }\mathrm{VOQ2}_{j,k}\text{ 为空}\},\ k=0,1,2,\cdots,N-1$$

依据文献[13]中 U 的创建规则可知：

$$E_{t-1}^*=\omega_{t-1}\cup(i-1) \tag{5-7}$$

$$E_t^*=\omega_t\cup(i-2) \tag{5-8}$$

考虑到中间端口 j 的缓存状态在时隙 t 开始前瞬间和 $t-1$ 时隙结束前的瞬间并无不同，故根据 V 的创建规则可知，E_t 必有：

$$E_t=E_{t-1}^*\cup(i-2)=\omega_{t-1}\cup(i-1)\cup(i-2) \tag{5-9}$$

此处分两种情况讨论，首先若 t 时隙没有信元到达中间端口 j，则：

$$\omega_t=\omega_{t-1}\cup(i-1) \tag{5-10}$$

$$E_t^*=\omega_t\cup(i-2)=\omega_{t-1}\cup(i-1)\cup(i-2)=E_t \tag{5-11}$$

这种情况下必有 $V_t=U_t$。

其次若 t 时隙有信元到达，若其目的端口为 r，则必有：

$$r\in E_{t-1}^*$$

于是有：

$$E_t^*=E_t-\{r\} \tag{5-12}$$

即 $V_t[r]=1$，而 $U_t[r]=0$。考虑到一个时隙内至多只能有一个信元到达，故这是 V_t 和 U_t 唯一不同的 1 个 bit。

对于任意 $k=0,1,2,\cdots,N-1$，定义集合 $L_t=\{k|t\text{ 时隙 }\mathrm{VOQ1}_{i,k}\text{ 非空且 }V_t[k]=1\}$，$L_t^*=\{k|t\text{ 时隙 }\mathrm{VOQ1}_{i,k}\text{ 非空且 }U_t[k]=1\}$。

定理 5-2 若 $L_t\neq L_t^*$，则必有 $L_t=L_t^*+\{r\}$，且 $V_t[r]=1$，$U_t[r]=0$。

证明 由定理 5-1 可知，当且仅当 $V_t[r]=1$，$U_t[r]=0$ 时有 $V_t \neq U_t$，故当且仅当 t 时隙 $VOQ1_{i,r}$ 非空且 $V_t[r]=1$，$U_t[r]=0$ 时有 $L_t=L_t^*+\{r\}$，其余情况下均有 $L_t=L_t^*$。

定理 5-3 若采用相同搜索方式的算法，在相同条件下 DFTS 的交换性能和 FTSA 的理论性能是完全一致的。

证明 分以下三种情况讨论：

(1) 若 t 时隙 DFTS 的一级调度结果为空，即 $|L_t|=0$，则依据定理 5-2 必有 $|L_t^*|=0$，即 t 时隙 FTSA 中算法调度结果也为空。

(2) 若 t 时隙 DFTS 的一级调度得到 1 个结果 x，即 $|L_t|=1$，显然必有 $V_t[x]=1$。

若 $U_t[x]=1$，则 x 经过二级调度成为有效结果；而 $U_t[x]=1$ 必有 $L_t^*=\{x\}$，即 x 也是 FTSA 中算法调度的唯一结果。

若 $U_t[x]=0$，则 x 会在二级调度时被过滤掉而成为无效结果；$U_t[x]=0$ 必有 $|L_t^*|=0$，即 FTSA 的算法调度结果也为空。二者的调度结果仍然一致。

(3) 若 DFTS 的一级调度得到两个结果 x 和 y：

若 $U_t[x]=1$，则 x 经二级调度成为 DFTS 的最终调度结果；考虑 DFTS 和 FTSA 采用相同搜索路径，x 同时也是 FTSA 中的算法调度结果。

若 $U_t[x]=0$，x 会被二级调度过滤掉而成为无效结果，据定理 5-1 可知无效结果至多只有一个，故 y 必然是有效的，即 y 是 DFTS 的最终调度结果；而由于 $U_t[x]=0$，集合 L_t^* 中并不包含 x，基于相同搜索路径的考虑，y 也同样是 FTSA 中的算法调度结果。

本章小结

DFTS 利用二次反馈模式和接力调度算法，一方面使相对耗时的一级调度与信元传输并行工作，拓展了调度算法的时域空间；另一方面，在一级调度的基础上，二级调度得以简化(可以在一个时钟周期内完成)，从而提高了交换结构的高速交换能力和可扩展性。

DFTS 相对于 FTSA 而言，在两个方面付出了代价，其一是每个时隙多传输 N-bit 的缓存信息；其二是一级调度需要尽可能寻找两个调度结果。

对于 N-bit 信息的传输，其时间消耗取决于端口速率，以 $N=16$，信元长度 256Byte 为例，只增加了信元传输时间的 1/128。

考虑到时隙长度必须保证算法在最坏情况下的耗时需求，算法最优情况下的计算复杂度或平均计算复杂度在确定时隙长度时意义并不大，而无论是 RR、EDF 还是 LQF 算法在最坏情况下都需要检索全部 N 个队列的信息才能完成整个调度过程，显然 DFTS 和 FTSA 在最坏情况下的算法复杂度是完全一致的。故从实践的角度看，DFTS 并不比 FTSA 中的调度算法耗时更久。

第 6 章　基于优先级位图的 PB－EDF 算法

6.1　引　　言

作为“开源”方案，DFTS 的确拓展了调度算法的时域空间，缓解了交换结构对调度算法的时间限制，但还应注意到在极高速交换环境中，每个信元的传输时间更短，一级调度的时域空间也会相应缩短，要彻底解决高速交换和可扩展性的问题，必须借助“节流”方案进一步降低调度算法的复杂度。

为降低调度算法的复杂度，本书将嵌入式系统中的优先级位图算法 PBA 与 FTSA 结构中的 EDF 算法相结合，提出一种“节流”方案——PB－EDF 算法[16]。该算法的计算复杂度为 $O(1)$，从而在反馈制交换结构中实现了全流程 $O(1)$ 复杂度。

6.2　优先级位图算法

优先级位图算法(Priority Bitmap Algorithm，PBA)[123，124]是嵌入式操作系统 μC/OS－Ⅱ中支持多优先级、多任务的关键算法，其核心思想是“空间换取时间”，即以增加存储空间的代价来换取高效、稳定的调度。此前，寻找就绪队列中具有最高优先级的任务通常采用基于关键字的搜索方法，虽然该方法简单易行，但寻找最紧迫任务的算法耗时与就绪队列的队长有关，系统无法保证对紧迫任务的响应时间。为避免这种响应时间的不确定性，PBA 利用辅助的数据结构(存储器)及相应的任务管理机制保证以确定的时间完成对最高优先级任务的查找，对于确定的优先级规模，其搜索耗时是定值，即 PBA 耗时与就绪队列中的任务数无关。其工作原理[125，126]简介如下。

假定系统有 64 个优先级队列，每个队列中的任务具有相同的优先级，0 为最高优先级，63 为最低优先级。PBA 所需数据结构如下。

(1) 优先级就绪组(OSRdyGrp)：8 bit(如图 6－1 所示)；

(2) 优先级就绪表(OSRdyTbl)：64 bit(如图 6－1 所示)；

(3) 优先级映射表(OSMapTbl)：8 Byte(如图 6－2 所示)；

(4) 优先级判定表(OSUnMapTbl)：256 Byte(如图 6－2 所示)。

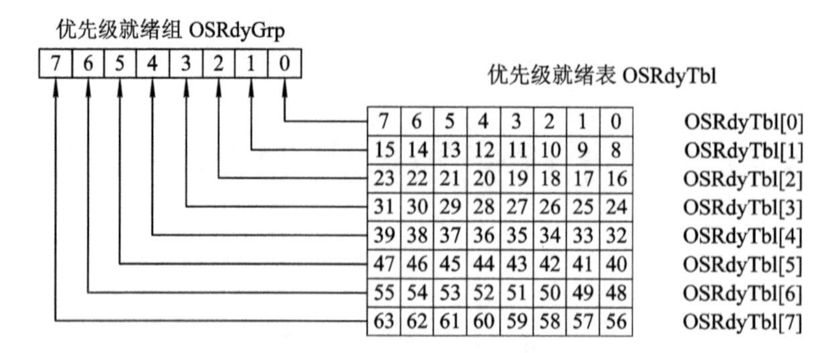

图 6－1　优先级就绪组、优先级就绪表

优先级映射表 OSMapTbl

下标	二进制
0	00000001
1	00000010
2	00000100
3	00001000
4	00010000
5	00100000
6	01000000
7	10000000

优先级判定表 OSUnMapTbl

0,0,1,0,2,0,1,0,3,0,1,0,2,0,1,0
4,0,1,0,2,0,1,0,3,0,1,0,2,0,1,0
5,0,1,0,2,0,1,0,3,0,1,0,2,0,1,0
4,0,1,0,2,0,1,0,3,0,1,0,2,0,1,0
6,0,1,0,2,0,1,0,3,0,1,0,2,0,1,0
4,0,1,0,2,0,1,0,3,0,1,0,2,0,1,0
5,0,1,0,2,0,1,0,3,0,1,0,2,0,1,0
4,0,1,0,2,0,1,0,3,0,1,0,2,0,1,0
7,0,1,0,2,0,1,0,3,0,1,0,2,0,1,0
4,0,1,0,2,0,1,0,3,0,1,0,2,0,1,0
5,0,1,0,2,0,1,0,3,0,1,0,2,0,1,0
4,0,1,0,2,0,1,0,3,0,1,0,2,0,1,0
6,0,1,0,2,0,1,0,3,0,1,0,2,0,1,0
4,0,1,0,2,0,1,0,3,0,1,0,2,0,1,0
5,0,1,0,2,0,1,0,3,0,1,0,2,0,1,0
4,0,1,0,2,0,1,0,3,0,1,0,2,0,1,0

图 6－2　优先级映射表、优先级判定表

不至于引起混淆的情况下，文中新到达及执行结束的任务优先级均记为 p，获取进入就绪状态的最高优先级记为 hp，C 语言描述的算法过程如下：

当任务进入就绪状态(A 过程)：

```
OSRdyGrp|=OSMapTbl[p>>3];
OSRdyTbl[p>>3]|=OSMapTbl[p&0x07];
```

当任务退出就绪状态(B 过程)：

```
if((OSRdyTbl[p>>3]&=~OSMapTbl[p&0x07])==0)
OSRdyGrp&=~OSMapTbl[p>>3];
```

PBA 获取进入就绪态的最高优先级(C 过程)：

```
high3bit=OSUnMapTbl[OSRdyGrp];
low3bit=OSUnMapTbl[OSRdyTbl[high3bit]];
```

hp=(high3bit<<3)+low3bit;

值得说明的是，优先级判定表(OSUnMapTbl)是事先根据系统所支持的优先级规模而设定的只读数据，文献[127]给出了产生 OSUnMapTbl 的算法。

6.3　PB-EDF 算法的工作流程

EDF 算法每次调度都选择能在最短时间内离开交换机的信元，即对于任意输入端口 i，EDF 算法按照 $r=i-2$，$i-3$，…，0，$N-1$，$N-2$，…，i，$i-1$ 的顺序搜索第一个满足 $VOQ2_{j,r}$ 为空的非空 $VOQ1_{i,r}$ 并将其队首信元转发。EDF 算法以固定顺序搜索 N 个 VOQ 子队列的特性使得引入 PBA(PB-EDF)进而降低 EDF 的算法复杂度成为可能，为实现这一目的，PB-EDF 需要进行优先级映射、无效优先级过滤和 PBA 调用三个步骤。

6.3.1　优先级映射

PBA 的操作对象是 N 个具有不同优先级的就绪任务，因此必须将任意输入端口的缓存状态信息映射为 PBA 所能够处理的优先级状态信息。对于 FTSA 的任意输入端口 i：

(1) $VOQ1_{i,r}$ 由空变为非空状态映射为优先级为 $p=i-r-2$ 的任务就绪且执行如下操作(1.A 过程)：

OSRdyTbl[p>>3]|=OSMapTbl[p&0x07];

(2) $VOQ1_{i,r}$ 由非空变为空状态映射为优先级为 $i-r-2$ 的任务执行完毕且执行如下操作(1.B 过程)：

OSRdyTbl[p>>3]&=~OSMapTbl[p&0x07];

与 PBA 不同的是，PB-EDF 中任意 $VOQ1_{i,r}$ 的状态变迁(空与非空)信息仅仅在数据结构优先级就绪表 OSRdyTbl 中记录，而不涉及优先级就绪组 OSRdyGrp。

6.3.2　无效优先级过滤

考虑到有些队列虽然具有较高的优先级，但可能目标缓存非空，故仍不应被调度，即 EDF 还需参考反馈信息来确定最终调度结果。考虑这一因素，PB-EDF 增设一个临时优先级就绪表 TmpRdyTbl 用于存储过滤后的有效优先级状态信息。这一步骤共需完成两个数据结构的更新：

(1) 更新 TmpRdyTbl(2.A 过程)。

由于反馈至输入端口 i 的 N-bit 缓存信息 V 是按照端口 $0\sim N-1$ 的顺序排列的，故可将其按照优先级的顺序($i-2$，$i-3$，…，0，$N-1$，$N-2$，…，i，$i-1$)重新排列并记为 U。注意到对任意输入端口而言这种逐位的重排列方式是固定的，故可通过布局布线来实现，无需额外的时间消耗。

当且仅当 OSRdyTbl 与 U 的对应位同为 1 时该优先级才是有效的，故临时优先级就绪表 TmpRdyTbl 应由 OSRdyTbl 和 U 通过并行的“与运算”产生，若 TmpRdyTbl、OSRdyTbl 和 U 均按照 8bit 一组分别记为 TmpRdyTbl[i]、OSRdyTbl[i]和 U[i]，TmpRdyTbl[i]_j 表示 OSRdyTbl[i]的第 j 位，则：

TmpRdyTbl [0] =OSRdyTbl [0] &U[0]

TmpRdyTbl [1] =OSRdyTbl [1] &U[1]

……

其逻辑电路图如图 6 - 3 所示(以 N=64 为例)。

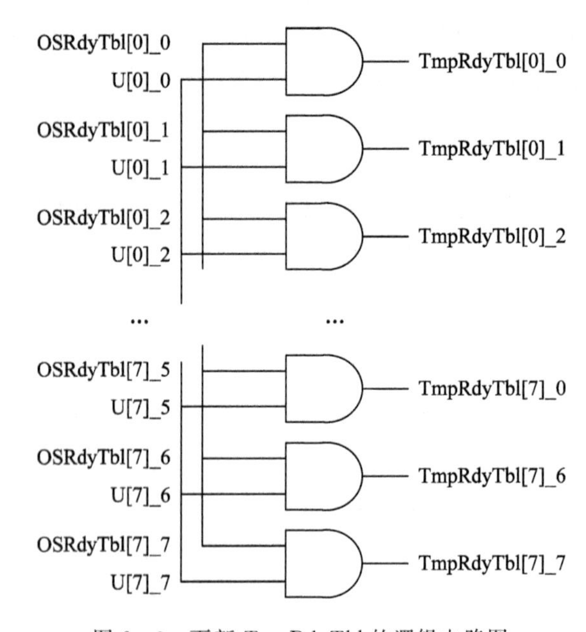

图 6 - 3　更新 TmpRdyTbl 的逻辑电路图

(2) 更新 OSRdyGrp(2. B 过程)。

TmpRdyTbl 更新完成后，TmpRdyTbl[i]内的 8 个 bit 进行“或运算”，用其运算结果更新 OSRdyGrp_i，其逻辑电路图如图 6 - 4 所示(以 N=64 为例)。

6.3.3　PBA 调用

基于 OSRdyGrp 和 TmpRdyTbl 调用 PBA 获取最高优先级 hp：

(1) high3bit=OSUnMapTbl[OSRdyGrp]；(3. A 过程)

(2) low3bit=OSUnMapTbl[TmpRdyTbl[high3bit]]；(3. B 过程)

(3) hp=(high3bit<<3)+low3bit；(3. C 过程)

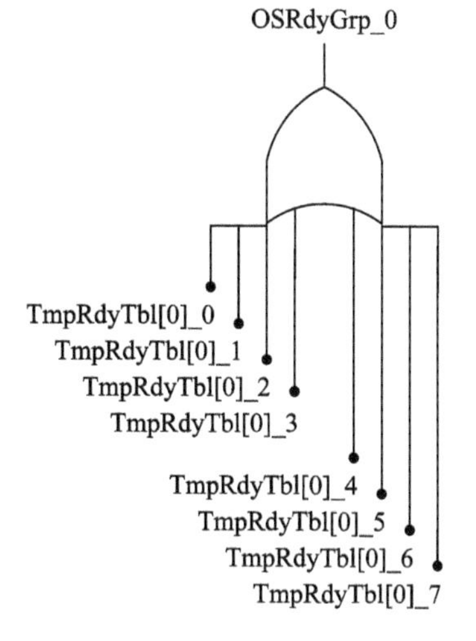

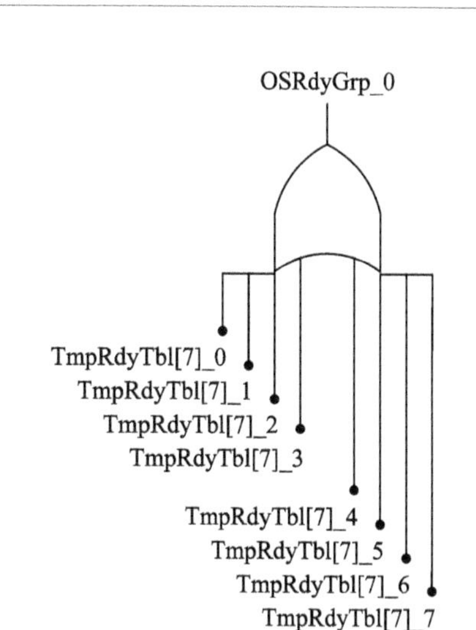

图 6 - 4　生成 OSRdyGrp 的逻辑电路图

特别地，若输入端口 i 的 PB - EDF 所获取的最高优先级为 hp，则根据优先级映射规则可知，$VOQ1_{i,i-hp-2}$必为第一个符合 EDF 转发条件的非空队列。

6.4　PB - EDF 算法的性能和代价

6.4.1　PB - EDF 算法的性能

本书从交换性能和调度耗时两个角度讨论 PB - EDF 算法的优势。

PBA 的特点就在于能够以 $O(1)$复杂度和确定的调度耗时从就绪队列中寻找具有最高优先级的任务，在嵌入式系统领域的广泛应用已证实其有效性。PB - EDF 在继承 PBA 有效性的同时，采用和 EDF 算法相同的判决过程，这就意味着，在相同的应用环境中，PB - EDF 将可以获得和 EDF 完全等价的判决结果，即 PB - EDF 和 EDF 算法的调度性能是完全等价的。相对于文献[13]提出的 LQF 和 RR 算法，EDF 算法的调度性能高于 RR 但略低于 LQF，详情请参考文献[13]。

另一方面，PB - EDF 以极少且确定的时间消耗完成调度过程。本书以支持 64 端口的 PB - EDF 算法为例粗略分析 PB - EDF 的时间消耗。为便于描述，设存储器“读”或“写”操作耗时同为 T_M，“与”、“或”、“非”、“移位”等“位运算”耗时同为 T_B，表 6 - 1 所示为 PB - EDF 各步骤的运算耗时。

表 6-1 PB-EDF 各步骤的运算耗时

步骤	1.A	1.B	2.A	2.B	3.A	3.B	3.C
耗时	$2T_M+2T_B$	$2T_M+3T_B$	$2T_M+T_B$	$2T_M+T_B$	T_M	$2T_M$	$2T_B$

若不考虑各步骤之间的并发性，则 PB-EDF 算法耗时为 $11T_M+9T_B$。相对于 FTSA 结构中最坏情况下需搜索 N 次且需多次比较操作的算法而言，PB-EDF 的耗时更少。

6.4.2 PB-EDF 的代价

由于 PBA 的基本思想在于以空间换取时间，故 PB-EDF 的代价主要在于存储空间的开销，考虑支持 N 个交换端口的 PB-EDF 算法，若优先级就绪组 OSRdyGrp 用 u 个 bit 表示，优先级就绪表 OSRdyTbl 和临时优先级就绪表 TmpRdyTbl 的每行均需要 v 个 bit 表示，则必有 $uv=N$。令 $n=\max\{u,v\}$，则优先级判定表 OSUnMapTbl 需要 2^n 个 Byte 的存储空间。故考虑较为一般的情况，支持 N 个端口的 PB-EDF 算法需要如下存储结构：

(1) u 个 bit 的优先级就绪组(OSRdyGrp)；

(2) N 个 bit 的优先级就绪表(OSRdyTbl)；

(3) N 个 bit 的临时优先级就绪表(TmpRdyTbl)；

(4) n 个 Byte 的优先级映射表(OSMapTbl)；

(5) 2^n 个 Byte 的优先级判定表(OSUnMapTbl)。

由于优先级判定表 OSUnMapTbl 所消耗的存储空间基本决定了 PB-EDF 算法的空间消耗，故本书将 PB-EDF 算法的空间复杂度记为 $O(2^n)$。

对于支持 64 端口的 PB-EDF 算法而言，本书采用 $u=v=8$ 的存储组织方案，故总的存储空间消耗为 281Byte，考虑到当今硬件价格的大幅下滑，这种硬件的开销是可以接受的。然而考虑支持 512 端口的 PB-EDF 算法(如 Cisco Nexus 7000 系列交换机即可支持 512 个万兆以太网端口)，当 $u=16$，$v=32$ 时，其优先级判定表所需要的存储空间已达 2^{32} Byte，这对于当今技术条件而言代价过于高昂。易见，过高的空间复杂度势必增加扩展 PB-EDF 的难度。

本章小结

作为一种“节流”方案，PB-EDF 算法的创新之处在于通过将嵌入式系统领域中的优先级位图算法引入 FTSA 中的 EDF 算法，以空间换取时间的策略将 FTSA 中的算法复杂度降至 $O(1)$，从而在 FTSA 结构中实现了全流程 $O(1)$ 复杂度，同时 PB-EDF 还继承了 PBA

调度耗时为定值的优良特性。其不利因素有以下两个方面：

(1) PB - EDF 继承了 PBA 空间复杂度过高而导致的可扩展性问题，但相关分析同时表明在交换端口数不是特别巨大的交换环境中，其存储空间的开销仍处于可承受范围内。

(2) PB - EDF 继承了 EDF 算法按照固定的顺序搜索全部 N 个队列的算法特性，虽然这是 PB - EDF 算法的前提和基础，但这种固定顺序的搜索模式在某些极端情况下可能导致公平性问题。

第7章 “开源”方案FFTS和FTSA-2-SS

7.1 引 言

作为“开源”方案的DFTS和作为“节流”方案的PB-EDF虽然都能够在各自领域内基本解决FTSA所存在的问题，但由于DFTS的第1级调度需要尽可能寻找两个结果，即一个最优结果和一个次优结果，而PB-EDF只能寻找符合条件的最优结果，因此二者无法融合共生来解决FTSA所存在的问题。基于这一限制，本书从寻找能够与PB-EDF相配合的“开源”方案出发，首先基于“前置反馈”的思想提出“开源”方案FFTS[19]，而后借鉴这一思想，通过采用一种2-错列对称(2-SS)的crossbar的连接模式提出“开源”方案FTSA-2-SS[18]，作为FFTS方案的改进，FTSA-2-SS能够以等价的调度性能为调度算法拓展更多的时域空间。

7.2 FFTS的结构

FFTS结构[19]由XB1、XB2和VOQ1、VOQ2及VIQ组成，如图7-1所示。XB1和XB2同样采用图2-29所示的错列对称连接模式，调度算法也同样采用文献[13]提出的LQF、

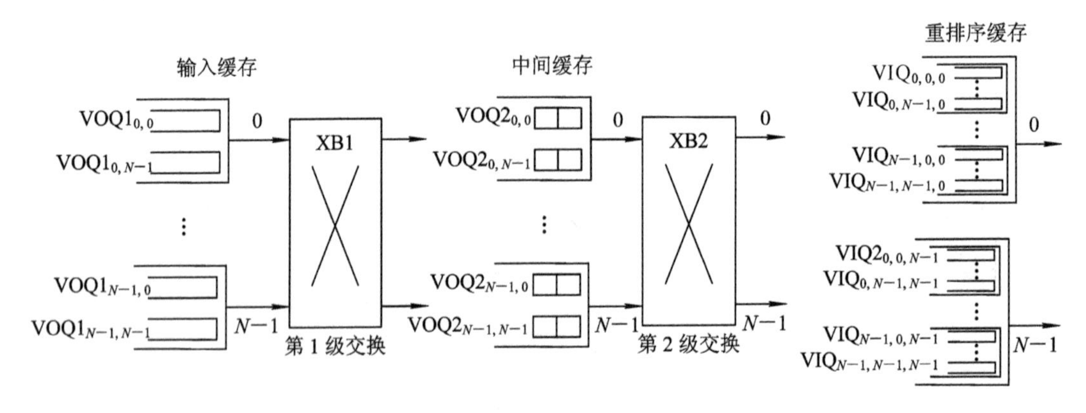

图7-1 基于前置反馈的两级交换结构FFTS

EDF 和 RR 算法。$VIQ_{i,j,k}$用于缓存理论路径(见 3.4 节)为 j 的 $C_{i,k}$。FFTS 在结构上与 FTSA 的不同之处在于：

(1) 双信元缓冲模式，即任意 $VOQ2_{j,k}$都只有两个信元的缓存空间；

(2) 输出端需设置 VIQ 结构的 RB 来解决失序问题。

7.3 FFTS 的工作流程

7.3.1 FFTS 的前置反馈模式

前置反馈模式如图 7-2 所示，其核心思想在于中间端口 j 在每个时隙的信元传输之前向输出端口传输其缓存状态信息(记为 V)，在信元传输的同时，输入端口依据自身的缓存状态信息和反馈获得的目标端口(中间端口 j)的缓存状态信息同步开展算法调度，从而有效拓展了算法的时域空间。

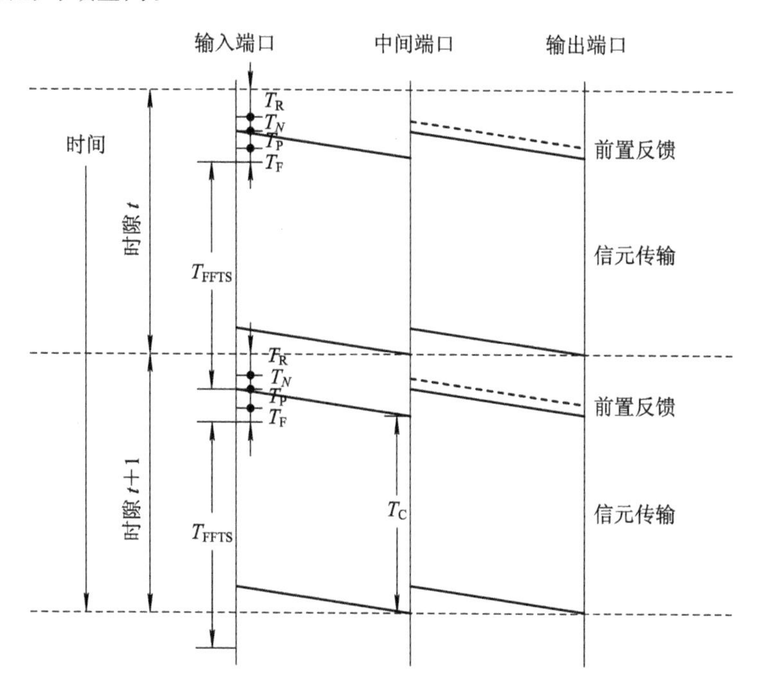

图 7-2 前置反馈模式

若记一个时隙时间为 T_{SLOT}，crossbar 重配置时间为 T_R，信元传输时间为 T_C，N-bit 反馈信息的传输时间为 T_N，N-bit 缓存信息从输出端反馈至输入端的时间为 T_F，信息在 XB1 上的传播时延记为 T_P，FFTS 所允许的算法调度时间为 T_{FFTS}，则：

$$T_{SLOT}=T_R+T_N+T_C+T_P \tag{7-1}$$

$$T_{FFTS}=T_R+T_N+T_C-T_F \tag{7-2}$$

考虑到 $T_C \gg T_R$，相对于 FTSA，FFTS 为算法提供了更大的时域空间，这将使之能够支持较大规模的交换模块和较高的交换速率。

7.3.2 信元冲突处理

公式(7-2)表明，FFTS 能够有效拓展算法的时域空间，但如同 DFTS 中的一级调度，FFTS 中基于前置反馈获得的 N-bit 缓存信息 V 同样并不能准确反映该时隙结束时的缓存状态，故基于这种非完备信息的调度结果同样存在问题。

首先考虑 FFTS 同样采用 FTSA 结构中的单信元缓冲模式，即任意 $VOQ2_{j,k}$ 只有 1 个信元的缓存空间，则依据定理 5-1 和定理 5-2 可知，FFTS 在输入端基于 V 的调度可能在 $VOQ2_{j,r}$ 非空时选择将 $C_{i,r}$ 转发至该队列，这种情况下必然产生信元冲突问题。为解决这一问题，FFTS 为任意 $VOQ2_{j,k}$ 设置两个信元的缓存空间(本书称之为双信元缓冲模式)，如图 7-1 所示。特别地，当且仅当发生冲突时才将冲突信元缓存于第 2 信元空间。相对于 5.3.2 小节所述方法，FFTS 中基于双信元缓冲模式下 V_t 的创建规则需稍作修改，其规则如下：

(1) $r=i-1$ 或 $r=i-2$ 时，若 $VOQ2_{j,r}$ 的第 2 信元空间为空则 $V_t[r]$ 置 1，否则 $V_t[r]$ 置 0。

(2) 对于任意 $r=0, 1, 2, \cdots, N-1$，且 $r \neq i-1$，$r \neq i-2$ 时，若 $VOQ2_{j,r}$ 的两个信元空间均为空则 $V_t[r]$ 置 1，否则 $V_t[r]$ 置 0。

7.3.3 信元冲突对性能的影响

冲突信元被置于第二信元空间势必增加系统的平均时延。考虑图 2-29 所示的 crossbar 连接模式，若 $t+1$ 时隙 $C_{i-1,r}$ 发生冲突，则必有 $C_{i,r}$ 在 t 时隙到达 $VOQ2_{j,r}$，发生这一事件需同时满足以下 6 个条件：

(1) $t-1$ 时隙 $VOQ1_{i,r}$ 非空；

(2) $V_{t-1}[r]=1$；

(3) $t-1$ 时隙调度算法选择在 t 时隙将 $C_{i,r}$ 转发至中间端口 j；

(4) t 时隙 $VOQ1_{i,r}$ 非空；

(5) $V_t[r]=1$；

(6) t 时隙调度算法选择在 $t+1$ 时隙将 $C_{i-1,r}$ 转发至中间端口 j。

从冲突发生的条件来看，冲突概率必然较小。仿真结果也表明 EDF 算法和 LQF 算法的冲突率都非常小(均小于 0.002 391)，RR 算法的冲突率稍大，如表 7-1 所示。

表 7-1 FFTS 中 RR 算法在均匀业务流环境中的冲突率

负载率	冲突率	负载率	冲突率
0.1	0.040	0.7	0.052
0.2	0.043	0.8	0.054
0.3	0.044	0.9	0.057
0.4	0.046	0.95	0.059
0.5	0.047	0.98	0.061
0.6	0.049		

文献[13]附录 A 的 Property 3 表明，非冲突信元 $C_{i,k}$ 在中间缓存的等待时延为定值，不妨将该值记为 $d_{i,k}$(单位：时隙)。故 FFTS 中任意冲突信元 $C_{i,k}$ 信元在中间缓存的时延 $D_{i,k}$ 为

$$D_{i,k}=N+d_{i,k} \tag{7-3}$$

不妨设某时刻 $C_{i,k}$ 发生冲突且该时隙若选择 $C_{i,m}$ 则不会冲突，考虑最坏情况，$d_{i,k}=2$(若 $d_{i,k}=1$ 则算法会首选 $C_{i,m}$)，$D_{i,k}=2N$，即系统时延增加 $2N-2$ 时隙。据此分析，若令 D_{FFTS}(D_{FTSA})为 FFTS(FTSA)的平均时延，则稳定状态下必有：

$$D_{\text{FFTS}}<D_{\text{FTSA}}+2N-2 \tag{7-4}$$

公式(7-4)表明，相同条件下，FFTS 具有 FTSA 相同的稳定性。

7.3.4 失序问题处理

文献[13]已证明在单信元缓冲模式下，任意数据流 $F_{i,k}$ 的信元在任何一个中间缓存中的时延都是相同的，故信元不会在输出端失序。然而为解决信元冲突问题，FFTS 的中间缓存采用双信元缓冲模式，公式(7-3)表明，同一个数据流的冲突信元和非冲突信元在中间缓存中的时延相差 N 个时隙。信元冲突问题一方面增加了系统时延，另一方面还导致了信元在输出端可能失序，即 FFTS 需要在所有的输出端口解决信元失序问题。

定理 7-1 FFTS 中任意输出端口的 RB 至多只需 N 个信元空间。

证明 考虑 $F_{i,k}$ 的连续两个信元 C_1 和 C_2 分别于 t_1 和 t_2 时隙($t_1<t_2$)被转发至中间端口 j_1 和中间端口 j_2，C_1(C_2)在中间缓存的等待时延记为 d_1(d_2)，由于信元经 XB2 传输至输出端口 k 尚需 1 个时隙，故 C_1(C_2)必在 t_1+d_1+1 (t_2+d_2+1)时隙到达输出端口 k，若 C_1 和 C_2 均冲突或均不冲突，则 C_1 和 C_2 并不失序。若 C_1 发生冲突而 C_2 不冲突($d_1=N+d_2$)则可能导致 C_2 先于 C_1 到达输出端，此时 C_2 需等待至 t_1+d_1+2 时隙后方可被转发，即信元 C_2 需

在 RB 中等待 t_1-t_2+N+1 个时隙，当且仅当 $t_2=t_1+1$ 时，C_2 等待时间最长即 N 个时隙。显然该最值与具体的流或信元无关，即任意信元为避免失序而需在 RB 中等待的最长时间不超过 N 个时隙。这就决定了 FFTS 中任意输出端口的 RB 至多只需 N 个信元空间。

FFTS 采用本书第 4 章 LB-IFS 的思想来解决失序问题，即首先在任意输入端口 i 设置 N 个指针 $P_{i,k}(k=0, 1, 2, \cdots, N-1)$，分别指示流 $F_{i,k}$ 的下一个信元的理论转发路径(理论上需经过的中间端口号)，若要转发 $C_{i,k}$ 至中间端口，则将 $P_{i,k}$ 的值作为 $C_{i,k}$ 的一个附加域和 $C_{i,k}$ 组合在一起转发并将 $P_{i,k}$ 更新为 $(P_{i,k}+1) \bmod N$。其次在输出端设置 VIQ 结构的 RB 来调整信元离开交换机的顺序。信元 $C_{i,k}$ 到达输出端后，取出其理论转发路径值(不妨设为 e)，将其缓存于 $VIQ_{i,e,k}$ 中，在此基础上利用 LB-IFS 相同的处理方法即可以 $O(1)$ 复杂度实现信元的有序转发。

7.4 FFTS 的仿真分析

为验证 FFTS 的有效性，本书选择传统交换结构(采用 iSLIP 的 IQ)、同类型结构(Byte-Focal、CR switch 和 FTSA)及理论上的最优结构(OQ)分别在均匀业务流、突发业务流和 Hot-spot 业务流环境中进行仿真分析，仿真采用 32×32 的交换模型且假定输入缓存无限大。

所选 6 种结构中，iSLIP 算法广泛应用于现有各类型 IQ 交换机，但复杂的集中式调度制约了其高速交换能力和可扩展性；OQ 性能最优，其理论时延常被视为交换结构的性能上限，但由于需要 N 倍加速比，实际应用中无法实现(除非 N 极小)；在解决失序问题的方案中 Byte-Focal 是 A 类方案中较为理想的结构，但其最坏情况下的计算复杂度为 $O(N)$，CR switch 是 B 类方案中性能较为理想的结构，但其中高负载性能较差。本书仿真中选择采用 LQF 算法的 Byte-Focal[12] 和 SPFA[11] 模式的 CR switch。

FTSA 与 FFTS 同为反馈制负载均衡结构，其区别在于 FTSA 采用后置反馈和单信元缓冲模式，属于 B 类方案。虽然 FTSA 的理论性能极其优异(在现有负载均衡交换结构中最优)，但由于其对算法苛刻的时间限制导致在现有技术条件下无法实现。FFTS 采用前置反馈和双信元缓冲模式并在输出端设置 RB 来解决信元失序问题，属于 A 类方案。虽然其前置反馈信息的非完备性导致一定的性能损失，但同时有效拓展了算法的时域空间，使之具有更优的高速交换能力和可扩展性。更为重要的是，FFTS 能够利用 FTSA 的现有算法(LQF、EDF 以及 RR)进行调度从而使之能够与“节流”方案 PB-EDF 算法一起协同工作，从而在两个不同角度同时解决 FTSA 结构所存在的复杂度及其对算法的时间限制问题。FTSA 与 FFTS 均分别按文献[13]提出的 LQF、EDF 和 RR 算法进行仿真，为易于辨识，图 7-3、图 7-4 和图 7-5 仅列出 FTSA(LQF)和 FFTS(LQF)以供参考。

7.4.1 均匀业务流环境

所谓均匀流量，是指信元以 Bernoulli i. i. d. 过程到达且以等概率到达各输出端口。仿真结果如图 7-3 所示。由于源数据流已经是均匀的，故负载均衡类结构(Byte-Focal、CR switch、FTSA 和 FFTS)中 XB1 的均衡作用并不明显，时延性能比传统的 iSLIP 差。反馈制负载均衡结构(FTSA 和 FFTS)因其"有的放矢"的转发策略有效避免了中间缓存的 underflow 问题而表现出极其优异的时延性能。前置反馈信息的非完备性所引起的信元冲突及为解决冲突问题而导致的信元失序致使 FFTS 的交换性能略低于 FTSA 的理论性能。

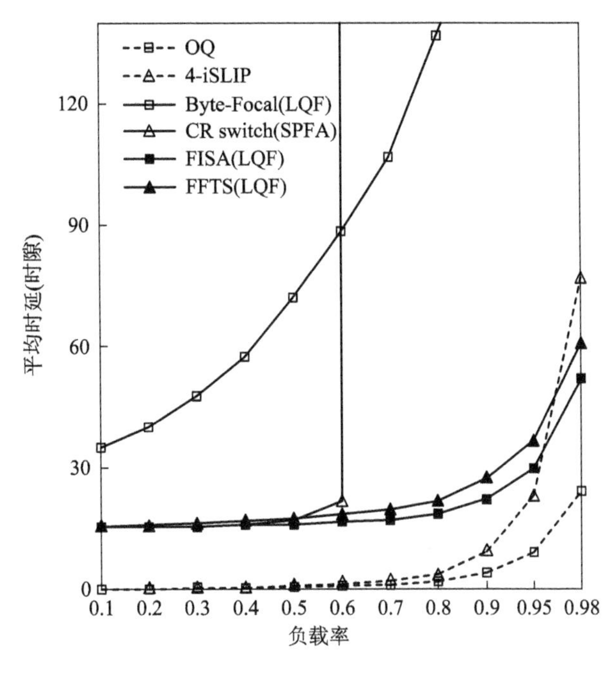

图 7-3 均匀业务流环境中的时延比较

7.4.2 突发业务流环境

突发流量用 ON-OFF 模型[87]来产生，平均突发长度 ABL 设为 32，同一突发块内的信元具有相同的目的端口，仿真结果如图 7-4 所示。突发环境中，iSLIP 的时延性能随负载率的上升迅速恶化，而负载均衡类结构因 XB1 对数据流的均衡作用使得其时延性能接近于 OQ。基于同样的原因，反馈制交换结构的时延性能明显优于非反馈制结构，FTSA 性能也同样略优于 FFTS。

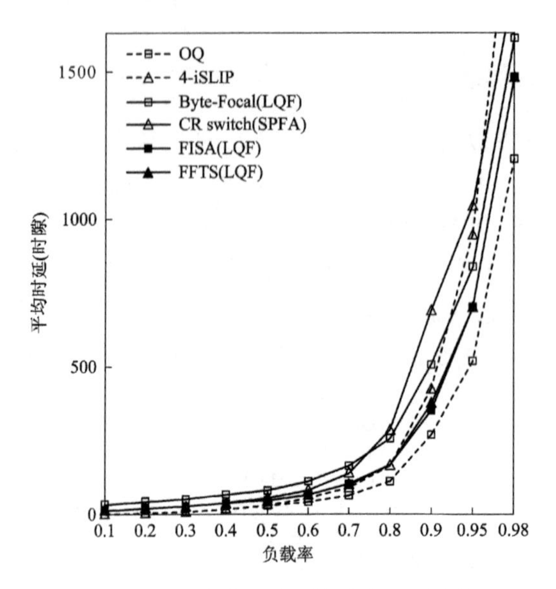

图 7-4　突发业务流环境中的时延比较

7.4.3 Hot-spot 业务流环境

Hot-spot 业务流模型中信元以 Bernoulli i. i. d. 过程到达输入端口 i，但这些信元以 2/3 的概率到达输出端口 i，以等概率到达其余目的端口。仿真结果如图 7-5 所示。在此环

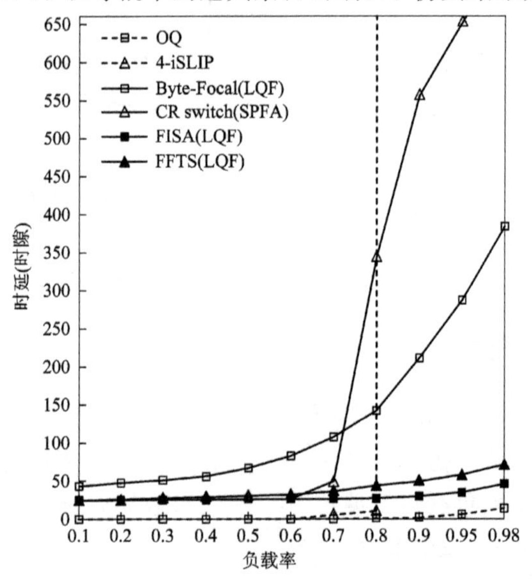

图 7-5　Hot-spot 业务流环境中的时延比较

境中，iSLIP的吞吐率只能达到80%，而FFTS的时延性能依然优于其他非反馈制交换结构且略低于FTSA。

7.5 FFTS的代价分析

FFTS以前置反馈模式取代FTSA中的后置反馈模式来拓展调度算法的时域空间，使得FFTS具有更优的高速交换能力和可扩展性。其代价有3个方面：

(1) 硬件方面的代价：任意$VOQ2_{j,k}$增加1个信元的缓存空间；每个输出端口设置N个信元空间的RB。即相比FTSA，FFTS需增加$2N^2$个信元的存储空间，考虑到硬件价格的不断下跌，其代价是可以接受的。

(2) 时隙长度方面的代价：由于每个信元都需携带其理论路径信息，考虑理论路径信息用$\mathrm{lb}N$个bit表示，若$N=32$且信元长度为128Byte，则每个时隙只增加4.88‰，其影响可以忽略不计。

(3) 性能方面的代价：理论分析和仿真结果均表明FFTS相比FTSA有一定的性能损失，但其时延性能仍优于其他非反馈制负载均衡结构(Byte-Focal、CR switch等)，考虑到FTSA的理论性能在现实条件下无法实现，其性能方面的损失是可以接受的。

7.6 FTSA-2-SS结构

FFTS结构以少许的性能代价实现了对调度算法时域空间的扩展，其核心思想在于在信元传输之前将非完备的缓存状态信息反馈至输入端，从而尽早开始调度。受其思想的启发且考虑到在本时隙信元传输之前瞬间和上一时隙的结束前瞬间中间缓存的状态信息是一致的，故考虑若将crossbar的连接模式更新为2-错列对称模式[20](见7.6.1小节)则可将反馈的时机提前到上一时隙末尾时刻，这样在获得与FFTS相同性能的情况下可为调度算法拓展更大的时域空间。

7.6.1 2-错列对称的crossbar连接模式

2-错列对称的crossbar连接模式如图7-8所示，其特征在于若t时隙有中间端口j与输出端口k相连，则$t+2$时隙必有输入端口k与中间端口j相连。t时隙与输入端口i相连的中间端口j满足条件：

$$j=(i+t)\bmod N,\quad i=0,1,2,\cdots,N-1 \tag{7-5}$$

即

$$i=(j+N-t)\bmod N,\quad j=0,1,2,\cdots,N-1 \tag{7-6}$$

t 时隙与中间端口 j 相连的输出端口 k 满足条件：

$$k=(j+N-2-t)\bmod N,\quad j=0,1,2,\cdots,N-1 \tag{7-7}$$

上述公式所确定的 2 -错列对称连接模式具有以下 3 个特性：

(1) 任意输入端口 i 总与固定的输出端口 K 相连，且有：

$$K=(i+N-2)\bmod N,\quad i=0,1,2,\cdots,N-1 \tag{7-8}$$

证明　设 t 时隙输入端口 i 经中间端口 j 与输出端口 k 相连，则将公式(7 - 5)代入公式(7 - 7)可得公式(7 - 8)。

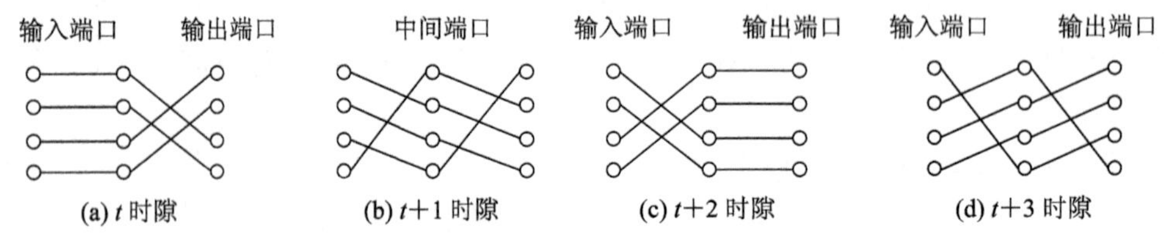

图 7 - 8　2 -错列对称的 crossbar 连接模式

(2) 单信元缓冲模式下(FTSA - 2 - SS 采用双信元缓冲模式)，对于确定的数据流，其信元在中间缓存等待转发的时延为定值。

证明　为不失一般性，考虑 t 时隙有 $C_{i,k}$ 到达中间缓存，由于单信元缓冲模式下任意 $VOQ2_{j,r}$ 只有一个信元的缓存空间，故若 $K=k$，则该信元需等待 N 个时隙后被转发，若 $K>k$，则该信元需等待 $K-k$ 时隙后被转发，若 $K<k$，则需等待 $N-(k-K)$ 即 $N+K-k$ 个时隙后转发。若记 $d_{i,k}$ 为信元 $C_{i,k}$ 在中间缓存等待的时延，综合以上分析有：

$$d_{i,k}=\begin{cases}K-k &, K>k\\ N+K-k, & K\leqslant k\end{cases} \tag{7-9}$$

其中 K 仅与 i 和 N 有关，故 $d_{i,k}$ 仅与 i、k 和 N 有关，即对于确定的数据流，其信元在中间缓存等待的时延为定值。

(3) 单信元缓冲模式下，2 -错列对称连接模式可保证信元的有序转发。

证明　公式(7 - 9)表明任意数据流的信元都将在中间缓存等待相同的时延后被转发，故同一数据流的信元将以到达交换结构时的顺序离开，不会发生失序。

FTSA - 2 - SS 的反馈时序如图 7 - 9 所示，考虑到 T_F 耗时极少且 $T_R>T_F$，故 t 时隙结束前反馈的 N - bit 信息在 $t+1$ 时隙的重配置时间内即可完成反馈。待 $t+1$ 时隙信元传输开始后，到达和离去输入缓存的信元已经确定时方可开始调度。调度起始于 $t+1$ 时隙的信元传输之后，终止于 $t+2$ 时隙的信元传输之前，若 T_{SLOT} 表示一个时隙的时间，$T_{FTSA\text{-}2\text{-}SS}$ 表示 FTSA - 2 - SS 所允许的调度时长，则：

$$T_{SLOT}=T_{FTSA\text{-}2\text{-}SS}=T_R+T_C+T_P+T_N \tag{7-10}$$

若令 $T_{INCREMENT}$ 表示 FTSA - 2 - SS 相对于 FFTS 为调度算法所拓展的时域空间增量，

则由公式(7－2)和公式(7－10)可知：

$$T_{\mathrm{INCREMENT}} = T_{\mathrm{FTSA\text{-}2\text{-}SS}} - T_{\mathrm{FFTS}} = T_{\mathrm{P}} + T_{\mathrm{F}} \tag{7-11}$$

显然，FTSA－2－SS 可为调度算法拓展更大的时域空间，从而使得交换结构能够支持更高的交换速率和更大的交换规模。

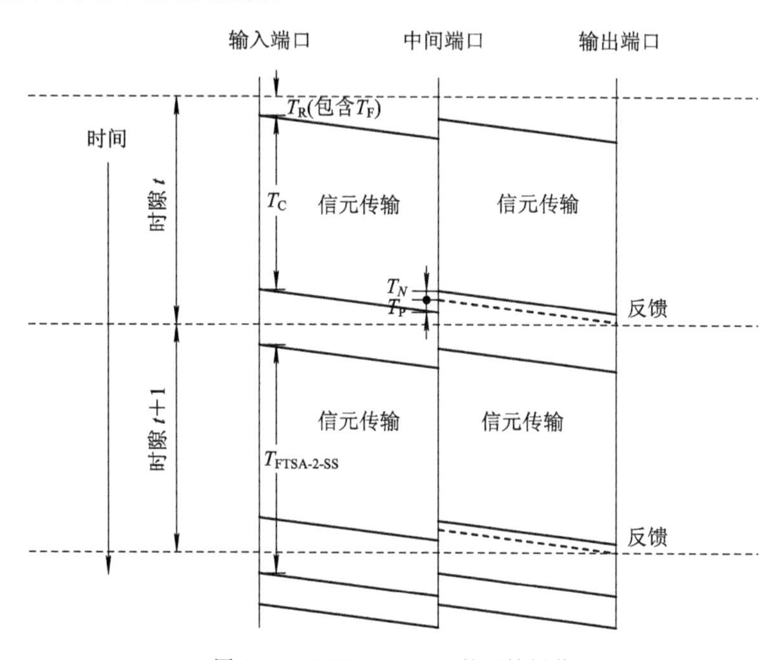

图 7－9 FTSA－2－SS 的反馈操作

7.6.2 FTSA－2－SS 和 FFTS

考虑到 FTSA－2－SS 相对于 FFTS 的最大区别在于其反馈操作的时机和 crossbar 连接模式的不同，除此之外其他交换结构的相关要素二者均采用相同的处理方法，如：

(1) FTSA－2－SS 同样采用两级 crossbar(XB1 和 XB2)和三级缓冲组成，如图 7－1 所示。

(2) FTSA－2－SS 中 t 时隙结束前瞬间反馈信息的生成规则和 FFTS 中 $t+1$ 时隙开始前瞬间反馈信息的生成规则是完全一致的。

(3) FTSA－2－SS 中每次调度所依据的同样是非完备的目标缓存状态信息，故同样面临着信元冲突问题，为解决这一问题，FTSA－2－SS 采用同样的双信元缓冲模式。

(4) 双信元缓冲模式在解决信元冲突问题的同时带来了信元失序问题，FTSA－2－SS 同样采用本书第 4 章所提出的 LB－IFS 的思想来解决这一问题。

综合上述分析可知，FTSA－2－SS 和 FFTS 在结构、反馈信息的生成规则、信元冲突处理以及信元失序处理等方面的处理方法完全相同，而二者在 crossbar 连接模式及反馈时机两个方面的不同仅仅导致调度算法的起止区间不同，故若在相同的环境中采用相同的调度算法，则二者必有等价的交换性能。

本章小结

本章重点研究通过引入新的反馈机制解决 FTSA 对调度算法时间限制的“开源”方案，主要创新在于以下三个方面：

(1) FFTS 结构通过将反馈时机提前到信元传输之前使得信元传输可以与调度算法并行工作，从而将算法的时域空间拓展为 $T_{\mathrm{R}}+T_{\mathrm{C}}+T_{N}-T_{\mathrm{F}}$。

(2) 基于 FFTS 的类似思想，FTSA - 2 - SS 采用 2 -错列对称的 crossbar 连接模式将调度算法的时域空间拓展到 $T_{\mathrm{R}}+T_{\mathrm{C}}+T_{N}+T_{\mathrm{P}}$，即完整的一个时隙的时间。

(3) FFTS 和 FTSA - 2 - SS 均采用双信元缓冲模式解决信元冲突问题，对于双信元缓冲模式所导致的信元失序问题，二者均利用 LB - IFS(本书第 4 章所提出)解决失序问题的思想，即在输出端采用 VIQ 结构的 RB 并结合信元的理论转发路径来解决。

(4) FFTS 和 FTSA - 2 - SS 均能够采用 FTSA 中的 LQF、EDF 和 RR 算法，这使得 FFTS 和 FTSA - 2 - SS 能够和 PB - EDF 算法相结合来分别解决 FTSA 结构的两个缺陷，从而提高反馈制交换结构的高速交换能力和可扩展性。

第三篇　交换技术仿真方法

第 8 章　仿真软件 Opnet

8.1　Opnet Modeler

自 1987 年推出 1.0 版本以来，Opnet 发展极为迅速。作为网络规划、网络仿真及分析的工具，Opnet 在通信、国防及计算机网络领域已经被广泛认可和采用。其产品线除应用最为广泛的 Modeler 之外，还包括 ITGuru、SP Guru、OPNET Development Kit 和 WDM Guru 等。

Opnet Modeler 将复杂的网络体系分解为不同的层次结构，每层完成一定的功能，一层内又由多个模块组成，每个模块完成更小的任务。Opnet Modeler 采用三层建模机制：底层为进程模型，以状态机来描述协议；中间层为节点模型，由相应的协议模型构成，反映设备特性；顶层为网络模型。三层模型和实际的协议、设备、网络相对应，反映了网络的相关特性。

进程模型主要用来表征处理机及队列模型的行为，可用来模拟大多数软件或者硬件系统，如通信协议、算法、排队策略、资源等。进程模型主要由状态和状态之间的迁移线构成。全部状态构成进程状态空间集。状态分为两类——fouced 状态和 unforced 状态。fouced 状态不允许停留，当进程进入 fouced 状态后，仿真内核将强制进程立刻转移到下一个状态。而 unforced 状态则不同，当进程进入 unforced 状态后，将停留在此状态，等待事件、其他进程或仿真核心的触发。多个节点模块的集合构成功能完整的节点。模块间用包流线或统计线相连，其中包流线承载了模块间数据包的传输，统计线可实现对模块待定参数变化的监视，通过 modules、packetstreams 和 statistic wires 的联合使用，用户可对节点的行为进行仿真。

8.2　Opnet 工作机制

Opnet 采用基于离散事件驱动的仿真机制。事件是指网络状态的变化。当网络状态发生变化时，模拟机进行仿真，状态不发生变化的时间段不进行仿真，即被跳过，因而仿真时间是离散的。每个仿真时间点上可以同时出现多个事件，事件的发生可以有疏密的区别。

仿真中的各个模块之间通过事件中断方式传递事件信息。每当出现一个事件中断时都会触发一个描述网络系统行为或者系统处理的进程模型的运行，通过离散事件驱动的仿真机制实现了在进程级描述通信的并发性和顺序性，再加上事件发生时刻的任意性，决定了可以仿真计算机和通信网络中的任何情况下的网络状态和行为。

在 Opnet 中使用基于事件列表的调度机制，合理安排调度事件，以便执行合理的进程来仿真网络系统的行为。调度的完成通过仿真软件的仿真核和仿真工具模块以及模型模块来实现，事件列表的调度机制具体描述如下：

(1) 每个 Opnet 仿真都维持一个单独的全局时间表，其中的每个项目和执行都受到全局仿真时钟的控制，仿真中以时间顺序调度事件列表中的事件，需要先执行的事件位于表的头部。当一个事件执行后将从事件列表中删除该事件。

(2) 仿真核作为仿真的核心管理机构，采用高效的办法管理维护事件列表，按顺序通过中断将在队列头的事件交给指定模块，同时接收各个模块送来的中断，并把相应事件插入事件列表中间。仿真控制权伴随中断不断地在仿真核与模块之间转移。

(3) 当事件同时发生时，仿真核按照下面两种办法来安排事件在事件列表中的位置：

① 按照事件到达仿真核的时间先后顺序，先到达先处理(first come first serve)。

② 按照事件的重要程度，为事件设置不同的优先权，优先权高的先处理。

8.3　Opnet 仿真流程

利用 Opnet 仿真，一般遵循以下工作流程。

(1) 定义目标问题：明确和规范网络仿真所要研究的问题和目标，提出明确的网络仿真描述性能参数。如网络通信吞吐量、链路利用率、设备利用率、端到端延迟、丢包率、队列长度等。

(2) 建立仿真模型：根据研究的问题和目标，建立所需的网络、进程或协议模型(包括网络拓扑、协议类型、包格式等)，配置相关业务。

(3) 收集统计数据：收集要用于仿真模型实现和验证的相关统计数据，如网络流量、端到端延迟、丢包率等。

(4) 运行仿真：利用仿真工具进行仿真实验，以得到所需要的数据。

(5) 查看并分析结果：查看结果并利用相关分析工具和数学知识对仿真结果进行统计分析。

(6) 调试再仿真：分析仿真数据，找出网络的性能瓶颈，然后通过修改拓扑、更新设备、调整业务量、修改协议等方法得到新的仿真场景，再次运行仿真。

(7) 生成仿真报告：生成网络仿真的研究报告。

第9章 数据流模型

9.1 均匀数据流模型

网络仿真中最基本的数据流模型是 uniform 模型(均匀数据流模型)，该模型一般用负载率约束的伯努利分布来产生数据包。图 9-1 所示为 Opnet 仿真中均匀数据流模型的进程模型图。

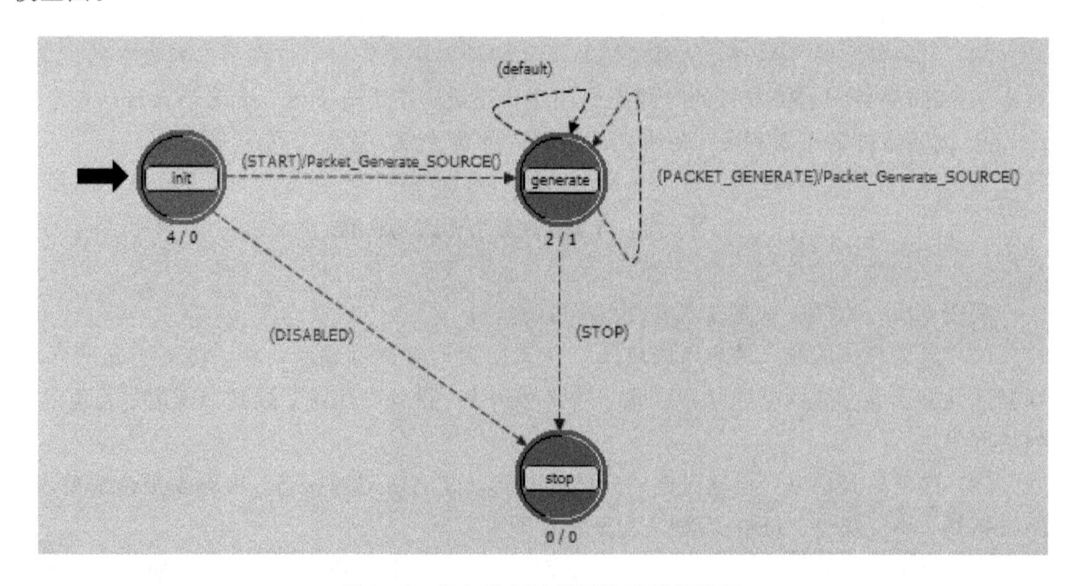

图 9-1 均匀数据流模型的进程模型图

参考代码如下：

```
void Initial_Stat_SOURCE();
void Packet_Format_Verify_SOURCE();
void Packet_Generate_SOURCE();
void Read_SysInfo_SOURCE();
void Time_Process_SOURCE();
```

```
void Update_Stat_SOURCE(double size);

void Initial_Stat_SOURCE()
{

  FIN(Initial_Stat_SOURCE());

  bits_sent_hndl= op_stat_reg ("Generator. Traffic Sent (bits/sec)",OPC_STAT_INDEX_
NONE, OPC_STAT_LOCAL);
  packets_sent_hndl    = op_stat_reg ("Generator. Traffic Sent (packets/sec)",
  OPC_STAT_INDEX_NONE, OPC_STAT_LOCAL);
  packet_size_hndl = op_stat_reg ("Generator. Packet Size (bits)",
  OPC_STAT_INDEX_NONE, OPC_STAT_LOCAL);
  interarrivals_hndl   = op_stat_reg ("Generator. Packet Interarrival Time (secs)", OPC_
STAT_INDEX_NONE, OPC_STAT_LOCAL);

  FOUT;

}
void Packet_Format_Verify_SOURCE()
{
  Prg_List * pk_format_names_lptr;
  Boolean    format_found;
  char *     found_format_str;
  int        i;
  FIN(Packet_Format_Verify_SOURCE());
  if (strcmp (format_str, "NONE") == 0)
  {
    generate_unformatted = OPC_TRUE;
  }
  else
  {
    generate_unformatted = OPC_FALSE;
    pk_format_names_lptr = prg_tfile_name_list_get (PrgC_Tfile_Type_Packet_Format);
```

```
        format_found = OPC_FALSE;
        for (i = prg_list_size (pk_format_names_lptr); ((format_found == OPC_FALSE)
&& (i > 0)); i--)
        {
          found_format_str = (char * ) prg_list_access (pk_format_names_lptr, i-1); if
          (strcmp (found_format_str, format_str) == 0)format_found=OPC_TRUE;
        }

        if (format_found == OPC_FALSE)
        {
          generate_unformatted = OPC_TRUE;
          op_prg_odb_print_major ("Warning fratiom simple packet generator model (simple_
source):", "The specified packet format", format_str, "is not found. Generating unformatted
packets instead.", OPC_NIL);
        }
        prg_list_free (pk_format_names_lptr);
        prg_mem_free  (pk_format_names_lptr);
      }
      FOUT;
    }

    void Packet_Generate_SOURCE()
    {
      int i;
      Packet *     pkptr[SWITCH_SIZE];
      double       pksize;
      double       port_range;
      FIN (ss_packet_generate_SOURCE ());

      for(i=0;i<SWITCH_SIZE;i++)
      {
        gen_flag[i]=op_dist_outcome(gen_dist_ptr);
        port_range=SWITCH_SIZE;
        if(gen_flag[i])
```

```
        {
          pksize=cell_size;
          if (generate_unformatted == OPC_TRUE)pkptr[i] = op_pk_create (pksize);
          else
          {
            pkptr[i] = op_pk_create_fmt (format_str);
            op_pk_total_size_set (pkptr[i], pksize);
          }
          Update_Stat_SOURCE(pksize);
          op_pk_nfd_set(pkptr[i],"in_port",i);
          op_pk_nfd_set(pkptr[i],"out_port",(int)op_dist_uniform(port_range));
          op_pk_send (pkptr[i], SSC_STRM_TO_LOW);
        }
      }
      FOUT;
    }

    void Read_SysInfo_SOURCE()
    {
      FIN(Read_SysInfo_SOURCE());

      own_id = op_id_self ();
      param_id=op_id_from_name(op_topo_parent(own_id),OPC_OBJTYPE_PROC,
"sim_parameters");

      op_ima_obj_attr_get (own_id, "Packet Format", format_str);
      op_ima_obj_attr_get (own_id, "Start Time",     &start_time);
      op_ima_obj_attr_get (own_id, "Stop Time",      &stop_time);

      op_ima_obj_attr_get (param_id, "Load Ratio", &ratio);
      op_ima_obj_attr_get (param_id, "switch_cell_size(bytes)",   &cell_size);
      op_ima_obj_attr_get (param_id, "switch_port_rate(bits/s)", &service_rate);

      cell_slot = (double)((double)cell_size * 8.0)/(double)service_rate;
```

```
        gen_dist_ptr=op_dist_load("bernoulli",ratio,0.0);

        FOUT;
    }

    void Time_Process_SOURCE()
    {
        FIN(Time_Pratiocess_SOURCE());

        if ((stop_time <= start_time) && (stop_time ! = SSC_INFINITE_TIME))
        {
            start_time = SSC_INFINITE_TIME;
            op_prg_odb_print_major ("Warning fratiom simple packet generator model (simple_
source):", "Although the generator is not disabled (start time is set to a finite value),","a stop
time that is not later than the start time is specified. ", "Disabling the generator. ", OPC_NIL);
        }
        if (start_time == SSC_INFINITE_TIME)
        {
            op_intrpt_schedule_self (op_sim_time (), SSC_STOP);
        }
        else
        {
            op_intrpt_schedule_self (start_time, SSC_START);
            if (stop_time ! = SSC_INFINITE_TIME)
            {
                op_intrpt_schedule_self (stop_time, SSC_STOP);
            }
            next_intarr_time =cell_slot;
            if (next_intarr_time <0)
            {
                next_intarr_time = 0.0;
            }
        }
        FOUT;
```

```
}

void Update_Stat_SOURCE(double size)
{
  FIN(Update_Stat_SOURCE());

  op_stat_write (packets_sent_hndl, 1.0);
  op_stat_write (packets_sent_hndl, 0.0);

  op_stat_write (bits_sent_hndl, size);
  op_stat_write (bits_sent_hndl, 0.0);

  op_stat_write (packet_size_hndl, size);

  op_stat_write (interarrivals_hndl, next_intarr_time);

  FOUT;
}
```

9.2 突发数据流模型

突发数据流一般用 ON－OFF 模型生成，该模型的基本原理如图 9－2 所示。

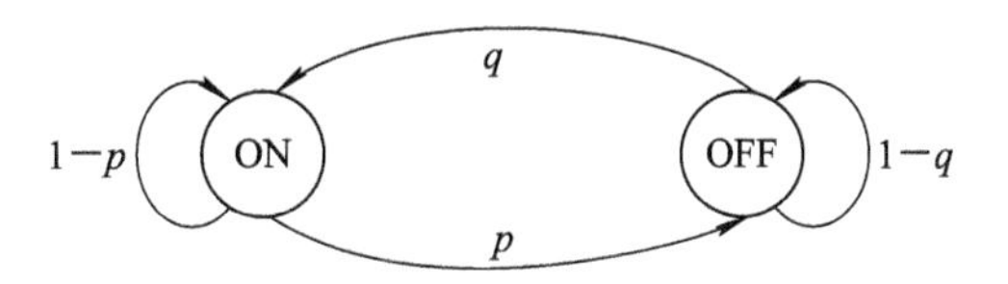

图 9－2　ON－OFF 模型原理图

突发数据流的长度是具有参数 p 的几何分布，一个突发持续 k 个时隙的概率为

$$P(k)=p(1-p)^{k-1},\quad k\geqslant 1$$

突发长度 $k\geqslant 1$ 表示每个突发至少持续一个时隙，即每次突发至少含有一个数据包。平均突发长度记为 A，则有

$$A=\frac{1}{p}$$

OFF 状态的长度是具有参数 q 的概率分布，一个 OFF 周期的持续 k 个时隙的概率为

$$P(k)=q(1-q)^k,\quad k\geqslant 0$$

k 允许为 0，若为 0 则表示一个突发可以紧接着另一个突发，中间无 OFF 周期，这相当于两个不同的数据流的复用，当然这两个突发的目的端口可能会不同。OFF 周期的平均长度 B 为

$$B=\frac{1-q}{q}$$

负载率可用如下的公式计算：

$$\rho=\frac{A}{A+B}=\frac{q}{p+q-pq}$$

一般情况下，突发模型会给出平均突发长度 A，而后由 A 来确定概率 p 和 q，显然

$$p=\frac{1}{A}$$

q 可由一定的负载率来约束产生，如要达到 95%的负载率，则有：

$$\rho=\frac{A}{A+B}=\frac{q}{p+q-pq}=95\%$$

于是有：

$$q=\frac{p\rho}{1-\rho+p\rho}\qquad p=\frac{1}{A}$$

故：

$$q=\frac{\rho}{A-A\rho+\rho}=\frac{1}{1-A\left(1-\dfrac{1}{\rho}\right)}$$

图 9-3 所示为 Opnet 仿真中突发数据流模型的进程模型图。

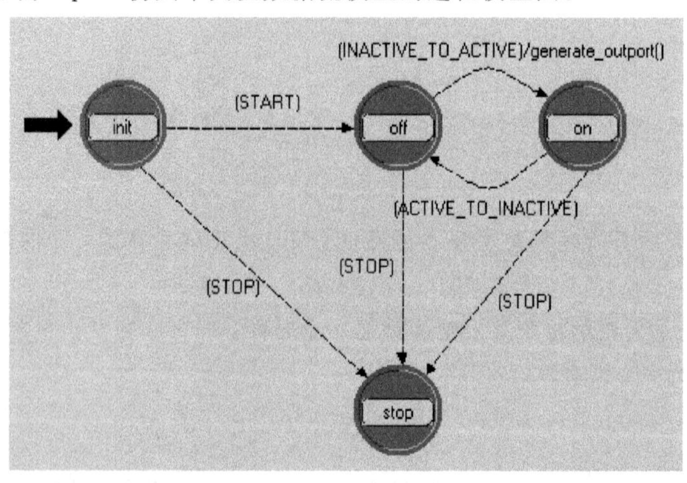

图 9-3　突发数据流模型的进程模型图

注：这里省略了OFF和ON状态的自迁移，可以简单认为，每当迁移到一个状态时，都会按照概率产生一个持续的时隙数，对于ON状态就是突发长度，对于OFF状态就是静止长度，不同的是在ON状态需要不断发送packet，而在OFF状态只是简单的等待定时中断的到来然后迁移到ON状态。

参考代码如下：

```
void Block_Stat();
void Generate_Output();
void Generate_Packet_and_Stat();
void Initial_P_Q();
void Initial_Stat();
void Packet_Format_Verify();
void Read_SysInfo();
void Time_Process();



void Block_Stat()
{
  FIN(Block_Stat());
  op_stat_write (abs_stathandle, on_period);
  op_stat_write (mbs_stathandle, on_period);
  op_stat_write (abs_gsth, on_period);
  op_stat_write (mbs_gsth, on_period);

  FOUT;
}

void Generate_Outport()
{
  double port_range;
  FIN(Generate_Outport());
  port_range=SWITCH_SIZE;
  next_outport=(int)op_dist_uniform(port_range);
```

```
    FOUT;
  }

  void Generate_Packet_and_Stat()
  {

    int pksize;
    Packet * pkptr;
    FIN(Generate_Packet_and_Stat());
    pksize = cell_size * 8;
    if (generate_unformatted == OPC_TRUE)
    {
      pkptr = op_pk_create (pksize);
    }
    else
    {
      pkptr = op_pk_create_fmt(format_str);
      op_pk_total_size_set (pkptr, pksize);
    }
    op_stat_write (bits_sent_stathandle,        pksize);
    op_stat_write (pkts_sent_stathandle,        1.0);
    op_stat_write (bitssec_sent_stathandle,     pksize);
    op_stat_write (bitssec_sent_stathandle,     0.0);
    op_stat_write (pktssec_sent_stathandle,     1.0);
    op_stat_write (pktssec_sent_stathandle,     0.0);
    //Global
    op_stat_write (bits_sent_gstathandle,       pksize);
    op_stat_write (pkts_sent_gstathandle,       1.0);
    op_stat_write (bitssec_sent_gstathandle,    pksize);
    op_stat_write (bitssec_sent_gstathandle,    0.0);
    op_stat_write (pktssec_sent_gstathandle,    1.0);
    op_stat_write (pktssec_sent_gstathandle,    0.0);
```

```
    //Forward it
    op_pk_nfd_set(pkptr,"in_port",port_no);
    op_pk_nfd_set(pkptr,"out_port",next_outport);
    op_pk_send (pkptr, SSC_STRM_TO_LOW);
    FOUT;
}

void Initial_P_Q()
{

    double p,q;
    int     burst_length=avg_burst-1;
    charon_state_string [128], off_state_string [128];

    FIN(Initial_P_Q());

    if(ratio>1e-6 && ratio<1.0)
    {
      p=1.0/((double)burst_length);
      sprintf(on_state_string,"geometric (%f)",p);
      on_state_dist_handle = oms_dist_load_from_string (on_state_string);
      q= ratio/(ratio+(double)burst_length * (1 - ratio));

      sprintf(off_state_string,"geometric (%f)",q);
      off_state_dist_handle = oms_dist_load_from_string (off_state_string);
    }

    FOUT;
}

void Initial_Stat()
{
```

```
        FIN(Initial_Stat());

        abs_stathandle = op_stat_reg ("Generator. Average Burst Size (cells)",OPC_STAT_
    INDEX_NONE, OPC_STAT_LOCAL);
        mbs_stathandle = op_stat_reg ("Generator. Max Burst Size (cells)",OPC_STAT_
    INDEX_NONE, OPC_STAT_LOCAL);

        bits_sent_stathandle= op_stat_reg ("Generator. Traffic Sent (bits)",OPC_STAT_
    INDEX_NONE, OPC_STAT_LOCAL);
        bitssec_sent_stathandle= op_stat_reg ("Generator. Traffic Sent (bits/sec)",OPC_STAT
    _INDEX_NONE, OPC_STAT_LOCAL);
        pkts_sent_stathandle= op_stat_reg ("Generator. Traffic Sent (packets)",OPC_STAT_
    INDEX_NONE, OPC_STAT_LOCAL);
        pktssec_sent_stathandle= op_stat_reg ("Generator. Traffic Sent (packets/sec)",OPC_
    STAT_INDEX_NONE, OPC_STAT_LOCAL);

        abs_gsth = op_stat_reg ("Generator. XMT Average Burst Size (cells)",OPC_STAT_
    INDEX_NONE, OPC_STAT_GLOBAL);
        mbs_gsth = op_stat_reg ("Generator. XMT Max Burst Size (cells)", OPC_STAT_
    INDEX_NONE, OPC_STAT_GLOBAL);

        bits_sent_gstathandle= op_stat_reg ("Generator. Traffic Sent (bits)",OPC_STAT_
    INDEX_NONE, OPC_STAT_GLOBAL);
        bitssec_sent_gstathandle= op_stat_reg ("Generator. Traffic Sent (bits/sec)",OPC_
    STAT_INDEX_NONE, OPC_STAT_GLOBAL);
        pkts_sent_gstathandle= op_stat_reg ("Generator. Traffic Sent (packets)",OPC_STAT_
    INDEX_NONE, OPC_STAT_GLOBAL);
        pktssec_sent_gstathandle= op_stat_reg ("Generator. Traffic Sent (packets/sec)",OPC_
    STAT_INDEX_NONE, OPC_STAT_GLOBAL);
          FOUT;
      }
```

```
void Packet_Format_Verify()
{
  Prg_List * pk_format_names_lptr;
  char *          found_format_str;
  Boolean         format_found;
  int i;

  FIN(Packet_Format_Verify());

  if (strcmp (format_str, "NONE") == 0)
  {
    generate_unformatted = OPC_TRUE;
  }
  else
  {
    generate_unformatted = OPC_FALSE;
    pk_format_names_lptr = prg_tfile_name_list_get (PrgC_Tfile_Type_Packet_Format);

    format_found = OPC_FALSE;

    for (i = prg_list_size (pk_format_names_lptr); ((format_found == OPC_FALSE)
&& (i > 0)); i--)
    {
      found_format_str = (char * ) prg_list_access (pk_format_names_lptr, i-1);
      if (strcmp (found_format_str, format_str) == 0)format_found = OPC_TRUE;
    }
    if (format_found == OPC_FALSE)
    {
      generate_unformatted = OPC_TRUE;
      op_prg_odb_print_major ("Warning from simple packet generator model (simple_
source):", "The specified packet format", format_str, "is not found. Generating unformatted
packets instead. ", OPC_NIL);
```

```
            }
            prg_list_free (pk_format_names_lptr);
            prg_mem_free  (pk_format_names_lptr);
        }
        FOUT;
    }
    void Read_SysInfo()
    {
        FIN(Read_SysInfo());
        own_id = op_id_self ();
        param_id = op_id_from_name(op_topo_parent(own_id), OPC_OBJTYPE_PROC,
"sim_parameters");
        op_ima_obj_attr_get(own_id,"Packet Format", format_str);
        op_ima_obj_attr_get(own_id,"Start Time", &start_time);
        op_ima_obj_attr_get(own_id,"Stop Time", &stop_time);
        op_ima_obj_attr_get(own_id,"Port No", &port_no);
        op_ima_obj_attr_get(param_id,"Average Burst Size", &avg_burst);
        op_ima_obj_attr_get(param_id, "switch_cell_size(bytes)", &cell_size);
        op_ima_obj_attr_get(param_id, "switch_port_rate(bits/s)", &service_rate);
        op_ima_obj_attr_get(param_id, "Load Ratio", &ratio);

        debug_mode = op_sim_debug ();
        cell_slot = (double)(cell_size * 8.0)/(double)service_rate;
        next_outport=-1;
        FOUT;
    }

    void Time_Process()
    {
        FIN(Time_Process());
        if ((stop_time <= start_time) && (stop_time != SSC_INFINITE_TIME))
        {
```

```
            start_time = SSC_INFINITE_TIME;
            op_prg_odb_print_major ("Warning from simple packet generator model (simple_
source):", "Although the generator is not disabled (start time is set to a finite value),","a stop
time that is not later than the start time is specified. ","Disabling the generator. ", OPC_NIL);
        }
        if (start_time == SSC_INFINITE_TIME)
        {
            op_intrpt_schedule_self (op_sim_time (), SSC_STOP);
        }
        else
        {
            op_intrpt_schedule_self (start_time, SSC_START);
            if (stop_time != SSC_INFINITE_TIME)
            {
                op_intrpt_schedule_self (stop_time, SSC_STOP);
            }
        }
        FOUT;
    }
```

第10章　OQ仿真模型

10.1　OQ模型

图10-1所示为32×32的OQ网络模型。

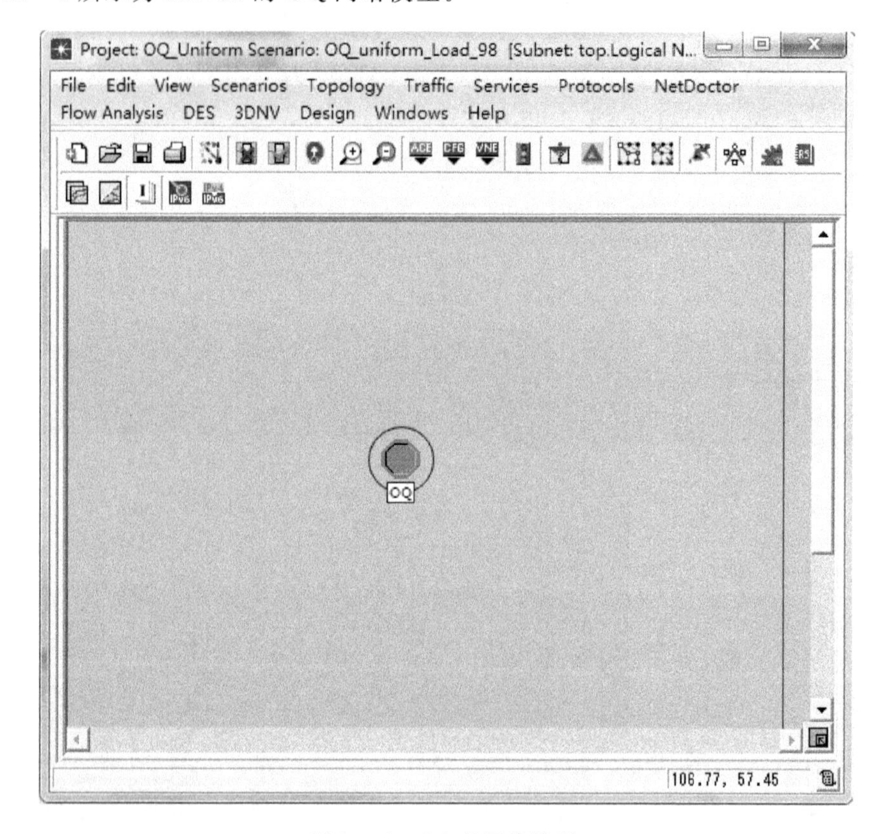

图10-1　OQ的网络模型

其内部的节点模型如图10-2所示：其中Src为数据源发生模块，具体可选择第9章所述均匀数据流模型或突发数据流模型等。Queue为队列模型，sim_parameters为参数设置模块，sink为信息收集模块。

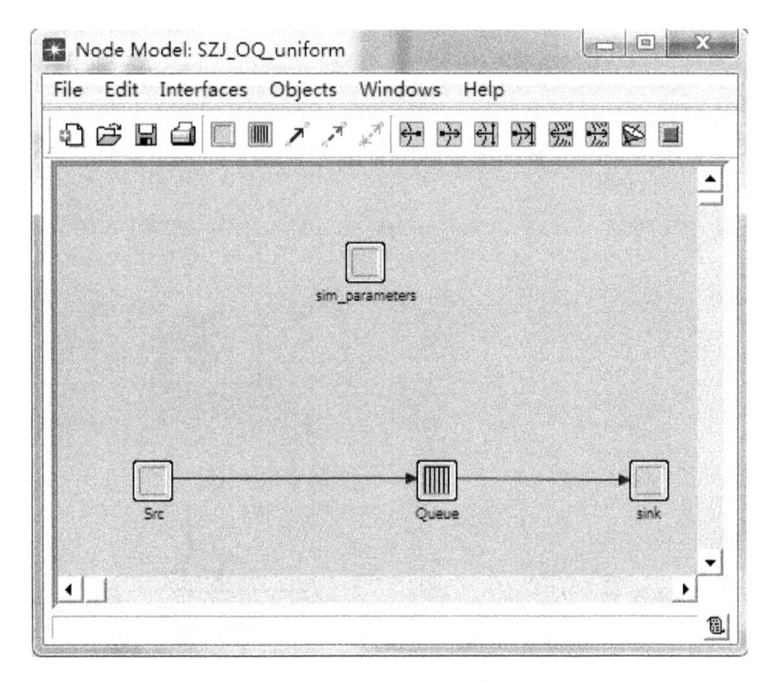

图 10 - 2　OQ 的节点模型

使用均匀数据流模型的 sim_parameters 模块较为简单，基本包含如图 10 - 3 所示信息。其中 swich_cell_size(bytes)表示每次转发的数据包/信元的长度(单位：字节)，switch_port_rate (bits/s)表示交换端口的转发速率，Load Ratio 表示交换端口的负载率。

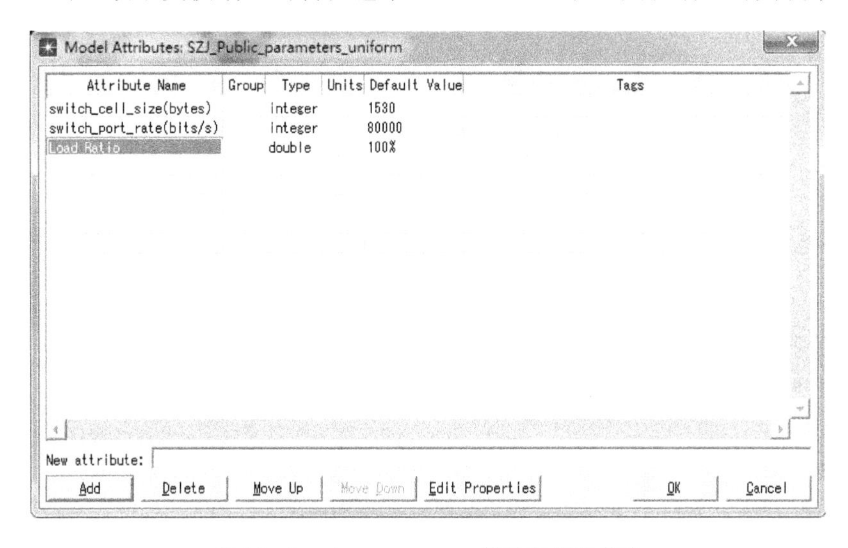

图 10 - 3　sim_parameters 模块的设置信息

图 10－4 所示为 Queue 的进程模型。其中 forward 状态表示转发数据包的状态，arrival 状态表示数据包/信元到达的状态，分别对应着触发条件 TIMER_SIGNAL 和 ARRIVAL，二者的定义如下：

```
#define TIMER_SIGNAL      ((op_intrpt_type()==OPC_INTRPT_SELF) &&(op_
intrpt_code()==TIMER))
#define ARRIVAL           (op_intrpt_type()==OPC_INTRPT_STRM)
```

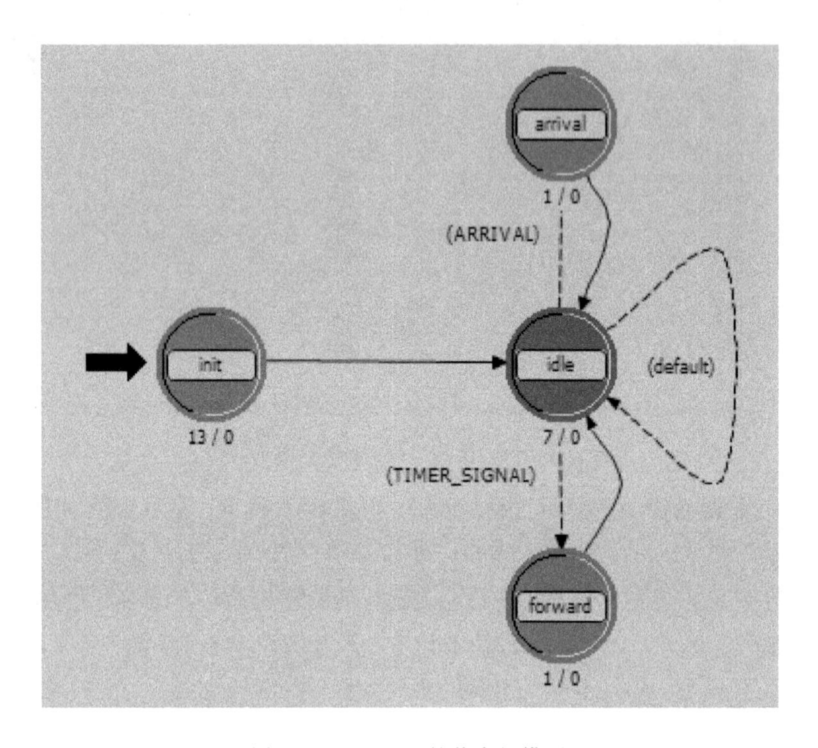

图 10－4　Queue 的状态机模型

10.2　参考代码

Init 状态参考代码如下：

```
own_id = op_id_self ();

param_id = op_id_from_name (op_topo_parent (own_id), OPC_OBJTYPE_PROC,
"sim_parameters");
```

```
op_ima_obj_attr_get(param_id,"switch_port_rate(bits/s)",&service_rate);
op_ima_obj_attr_get(param_id,"switch_cell_size(bytes)",&cell_size);
op_ima_obj_attr_get (param_id, "Load Ratio", &ratio);

cell_slot = (double)((double)(cell_size * 8)/(double)service_rate);

void Initial()
{
  FIN(Initial());
  self_int_occured=0;
  FOUT;
}
```

Forward 状态参考代码如下：

```
void Forward()
{
  int i;
  Packet * pkptr;
  FIN(Forward());

  Update();
  for(i=0; i<SWITCH_SIZE; i++)
  {
    if(! op_subq_empty(i))
    {
      pkptr=op_subq_pk_access(i,OPC_QPOS_HEAD);
      if(fabs(op_sim_time()-op_pk_creation_time_get(pkptr)<0.1))continue;
      else
      {
        pkptr=op_subq_pk_remove(i,OPC_QPOS_HEAD);
        op_pk_send(pkptr,0);
      }
    }
  }
  FOUT;
}
```

处理新到数据包的参考代码如下：

```
void Intrpt_Process()
{
  int out_port;
  Packet * ptr;
  FIN(Intrpt_Process());
  if(ARRIVAL)
  {
    ptr = op_pk_get (op_intrpt_strm ());
    op_pk_nfd_get(ptr,"out_port",&out_port);

    if (op_subq_pk_insert (out_port, ptr, OPC_QPOS_TAIL) != OPC_QINS_OK)
    {
      op_pk_destroy (ptr);
      op_sim_end("Simulation Aborted @ Queue. ARRIVAL","For cell insert to OQ
Failed","","");
    }
  }
  FOUT;
}
```

信息收集参考代码如下：

```
static void record(void)
{
  Packet *  pkptr;

  double delay;

  FIN(record(void));
  pkptr = op_pk_get (op_intrpt_strm ());

  op_stat_write(Aver_Rec_Ratio_After_Queue,1.0);
  op_stat_write(Aver_Rec_Ratio_After_Queue,0.0);

  delay=op_sim_time()-op_pk_creation_time_get(pkptr);
```

```
    delay=delay/cell_slot;



    op_stat_write(Aver_Delay_After_Queue,delay-1.0);


    op_pk_destroy(pkptr);
    FOUT;
}
```

第11章　iSLIP 仿真模型

11.1　iSLIP 模型

图 11-1 所示为 32×32 的 iSLIP 网络模型。

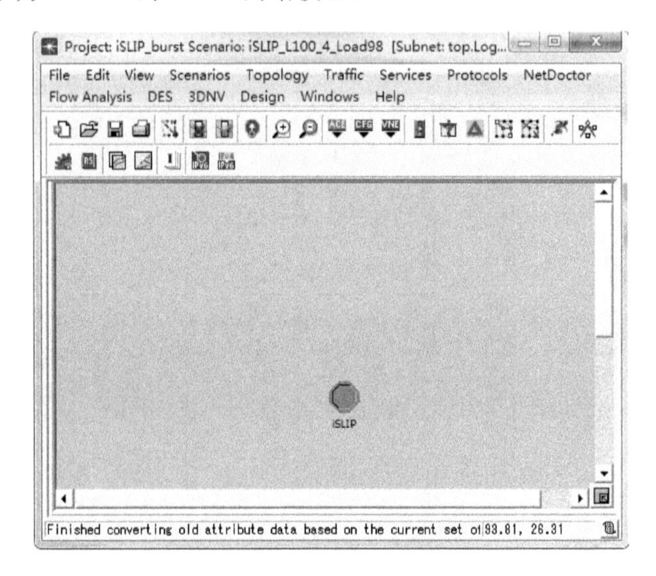

图 11-1　iSLIP 的网络模型

其内部的节点模型如图 11-2 所示：其中 src0～src31 为 32 个突发数据源发生模块，VOQ 为虚拟输出排队模型，sim_parameters 为参数设置模块，Sink 为信息收集模块。

sim_parameters 模块中的参数设置类似于 OQ，但需额外设置迭代次数的参数 iteration，如图 11-3 中设置的是 4 次迭代。

图 11-4 所示为 VOQ 的进程模型，其中 FandUp 表示数据包的转发和更新状态，Arrival 状态表示数据包/信元到达的状态，分别对应着触发条件 TIMER_SIGNAL 和 ARRIVAL，二者的定义同 10.1 节所述。

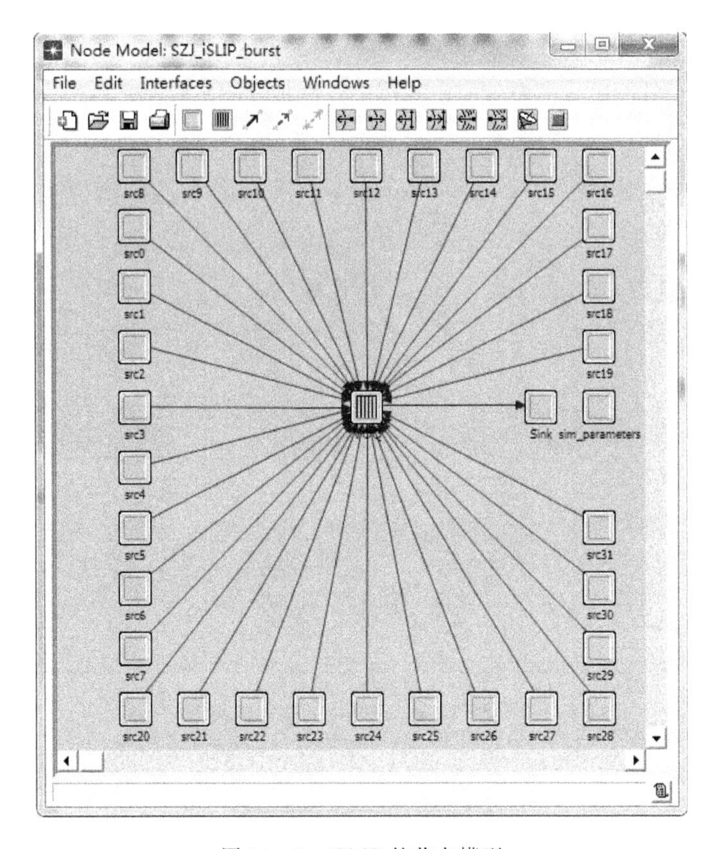

图 11 - 2　iSLIP 的节点模型

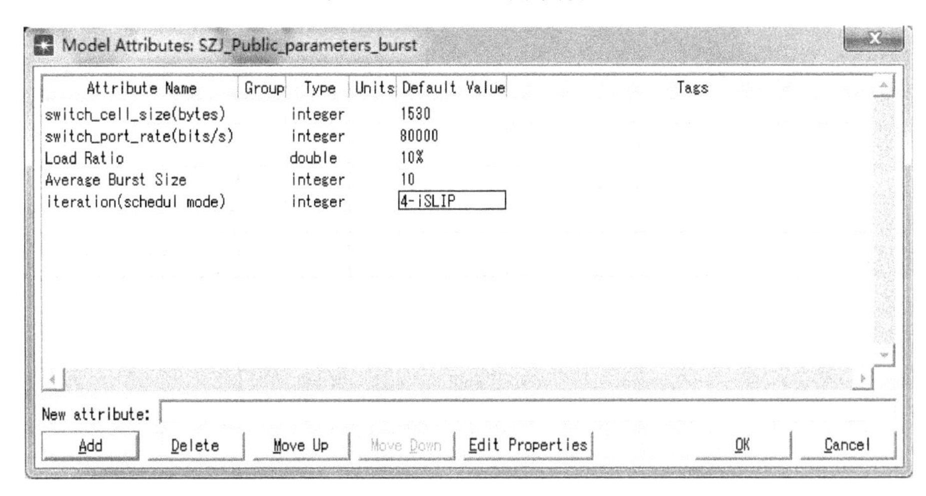

图 11 - 3　sim_parameters 模块的设置信息

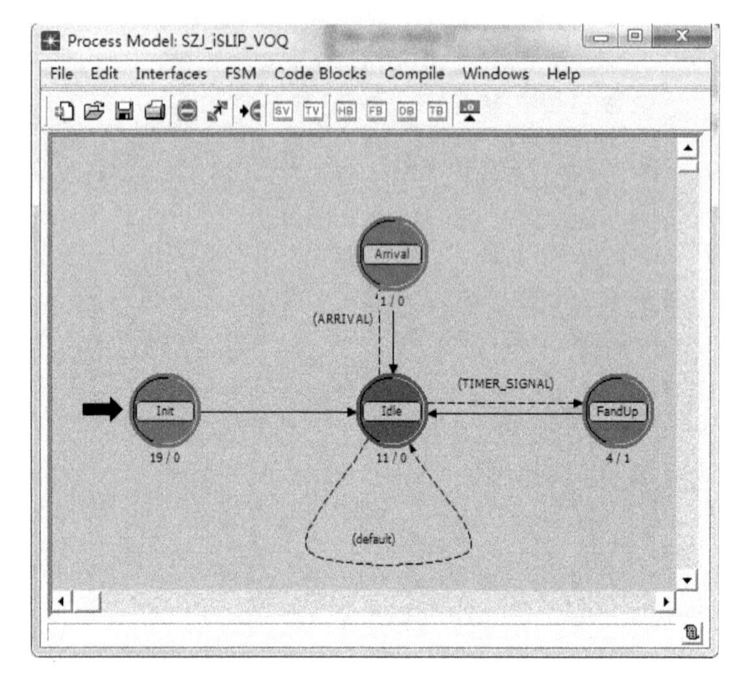

图 11-4 VOQ的状态机模型

11.2 参考代码

初始化参考代码：

```
    own_id= op_id_self ();
    param_id = op_id_from_name(op_topo_parent(own_id), OPC_OBJTYPE_PROC,
"sim_parameters");
    op_ima_obj_attr_get (param_id, "switch_cell_size(bytes)",  &cell_size);
    op_ima_obj_attr_get (param_id, "switch_port_rate(bits/s)", &service_rate);
    op_ima_obj_attr_get(param_id,"iteration(schedul mode)",  &iteration);

    //calculate the cell_slot

    cell_slot = ((double)cell_size * 8)/(double)service_rate;

    // initiate the structure
    void Initial()
```

```
{
    int i,j;
    char str[128];
    FIN(Initial());

    for(i=0;i<SWITCH_SIZE;i++)
    {
        Accept[i]=SWITCH_SIZE;
        Grant[i]=SWITCH_SIZE;
        GPtr[i]=i;
        APtr[i]=i;
        for(j=0;j<SWITCH_SIZE;j++)
        {
            Request[i][j]=0;
            VOQ[i][j]=0;
        }
        sprintf(str,"Throughput.Matching Ratio");
        Matching_Ratio=op_stat_reg(str,OPC_STAT_INDEX_NONE,
OPC_STAT_GLOBAL);
    }

    op_intrpt_priority_set(OPC_INTRPT_SELF,TIMER,10);

    int_self_occured=0;

    FOUT;
}
```

处理新到数据包的参考代码：

```
void Intrpt_Process()
{

    Packet * ptr;
    int in_port,out_port;
    int  I, O, subq;
    FIN(Intrpt_Process());
```

```
        if(ARRIVAL)
        {
          ptr = op_pk_get (op_intrpt_strm ());

          op_pk_nfd_get(ptr,"in_port", &in_port);
          op_pk_nfd_get(ptr,"out_port", &out_port);

          I=in_port;
          O=out_port;

          subq=I * SWITCH_SIZE+O;

          if (op_subq_pk_insert (subq, ptr, OPC_QPOS_TAIL) != OPC_QINS_OK)
          {
            op_pk_destroy (ptr);
            op_sim_end("Cell Inserted into VOQ1 Failed!","","","");
          }
        }
        FOUT;
      }
```

转发数据包的参考代码：

```
      void Forward(int n)
      {
        int i,j,subq;
        Packet * ptr;

        FIN(Forward());
        Update();
        write_stat_data();
        //begin to forward according to theAccept[]
        for(i=0;i<SWITCH_SIZE;i++)
        {
          if(Accept[i]!=SWITCH_SIZE)
          {
            subq=i * SWITCH_SIZE+Accept[i];
            ptr=op_subq_pk_remove(subq,OPC_QPOS_HEAD);
```

```
      op_pk_send_forced(ptr,0);
    }
  FOUT;
}

void Update()
{
  int i,j,subq;
  Packet * ptr;

  FIN(Update());

  for(i=0;i<SWITCH_SIZE;i++)
  {
    Grant[i]=SWITCH_SIZE;
    Accept[i]=SWITCH_SIZE;
    for(j=0;j<SWITCH_SIZE;j++)
    {
      subq=i * SWITCH_SIZE+j;
      if(op_subq_empty(subq))
        Request[i][j]=0;
      else
      {
        ptr=op_subq_pk_access(subq,OPC_QPOS_HEAD);
      }
    }
  }

  //update the int_self_occured
  int_self_occured=0;
  FOUT;
}

void UpdateRequest(m,n)
{
  int i;
```

```
    FIN(UpdateRequest(i,t));
    for( i = 0 ; i< SWITCH_SIZE ; i++ )
    {
      Request[m][i]=0;
      Request[i][n]=0;
    }
    FOUT;
}

void write_stat_data()
{
    int i,m=0;
    doubleM=SWITCH_SIZE;
    FIN(write_stat_data());
    for(i=0;i<SWITCH_SIZE;i++)
      if(Accept[i]! =SWITCH_SIZE)m++;
    op_stat_write(Matching_Ratio,(double)m/M);
    FOUT;
}
```

附录 Opnet常见错误及解决方法

※ 问：如何设置全局变量？

答：在.h文件里定义变量，然后在process的HEAD BLOCK里include这个头文件。

※ 问：Opnet中如何更方便地看程序？

（1）opnet中的设置：preferences→editor_prog。

（2）source insight的设置：operation→preferences→symbol Lookups→Project symbol path→Add Project to Path，随后添加自己创建的一个包含所有opnet model和include目录的project。

※ 问：Opnet中的函数FIN、FRET以及FOUT都是什么功能？

答：为执行用户自定义的函数，该函数必须与一个特殊的堆栈跟踪代码相连。堆栈跟踪技术靠在函数的入口点和出口点插入预处理器宏指令完成（一个函数只有一个入口点，但可以有多个出口点（由C语言的return声明决定））。这些宏指令为：FIN、FOUT和FRET。FIN被插入到函数的入口点，FOUT被插入到函数的出口点，但却不返回任何值，FRET被插入到函数的出口点，返回一个值。注意，这些宏指令不需要以分号结束（它们自我包含），FIN的参数中也不需要双引号。Opnet提供的所有的示例模型都包含了这些宏指令，并且建议用户定义的函数也包含这些宏指令。如果FIN、FOUT和FRET被正确插入了用户代码中，我们就可以使用op_vuerr来找出程序错误的位置，哪怕是在一个嵌套的模型函数调用中。

※ 问：local statistics和global statistics有何区别？

答：local statistics表示的是本地的统计量，而global statistics是全局的统计量，对于一个发送数据包的节点模型，通过编程把发送的数据分别写入local statistics和global statistics中，若工程中用到两个这样的模型，则可用view result的方法查看每个节点发送的数据包，global statistics是这两个节点一共发送的数据包数。

※ 问：obj id和user id有何区别？

答：obj id 是系统分配的、全局性的、唯一的整数。user id 是自己可以设置的，可以不唯一。

※ 问：如何将模块添加到 Opnet 中？

答：edit→preferences→mod_dirs 添加模块路径即可。

※ 问：为什么每次新建一个 project 都保存在 c:\op_models 目录下 ，若希望更换保存路径，应如何设置？

答：在 edit→preferences→mod_dirs 中，新建一个路径，并作为默认路径即可。

※ 问：想查找一个变量的使用场合，包括不同 process、不同 node 中的 header 和 funtion，应如何操作？

答：在 Opnet 中，变量是在一个 process 中存在的。不同的 process 之间则是通过进程间的通信机制来共享信息的。因此查找变量的作用范围应该是在一个 process 内的。编译后每个 process 会产生一个 C 或 C++文件。在该文件中可以查到变量的应用区域。不同的进程可能具有相同的 Attribute，而为了减少 node 的 Attribute 数目可以采用 Merge/Rename Attribute 的方式。Attribute 具体对应到各个 process 的哪个 Attribute 可通过 NODE Interface 菜单下的 Merge/Rename Attribute 找到。

※ 问：请问 Opnet 怎样将图导出来？

答：

第一种方法：可以从 Topology→Export Topology→……导出 Project 的几种图形，有 bitmap、html 等格式可选。Node model、process model 都可以从 File→Export Bitmap 导出拓扑图。

第二种方法：对于分析出来的曲线，点击鼠标右键选择 Export Graph Data toSpreadsheet，然后选择文件保存路径，一般缺省是保存在 c:\op_admin\tmp 目录下。该文件可使用 UltraEdit 打开来看，其中包含两列数据，第一列是仿真时间，第二列是仿真数据。

※ 问：在 opnet 中关于时延的问题。

答：数据速率是用来和包长结合计算传输时延的，而“delay”属性是用来描述电波的传播时延的。在点到点链路属性里，“delay”就是总传播时延；在多点链路里，“delay”指单位距离的传播时延。

※ 问：在 Opnet 中应如何设置关于统计速率方面的参数？

答：统计流速率的时候，首先应该在 Local Statistics 中将这个统计项 的 Capture Mode 设成 sum/time，然后在程序中每次收到一个数据包，就将这个包的长度 L 写入，比如 op_stat_write(handle,L)，随后调用一个 op_stat_write(handle, 0)来结束这次写入即可。

※ 问：begin intrpt 和 endsim intrpt 有何作用？

答：仿真 0 时刻时需要进行初始化，则需要设 begin intrpt，仿真结束时刻需要进行一些工组，则需要 enable endsim intrpt。

※ 问：用 VC 调试时，state variable 的值无法看到，如何处理？

答：用 op_sv_ptr 指针。它指向了所有的状态变量。

※ 问：Elapsed time and Simulation time 各表示什么含义？

答：Elapsed time 是仿真程序运行的时间，反映仿真程序执行的速度。而 Simulation time 是所仿真的系统的时间进度，反映当前的仿真执行的进度。

※ 问：Opnet 运行时无法进行 C 代码编译的解决办法是什么？

答：出现这种情况时，Opnet 提示 comp_msvc 不能执行，其原因是 Visual C＋＋没有正确安装或未能正确设置相应的环境变量。

※ 问：Opnet 中是否有现成的概率分布函数供调用？如何调用？

答：用 op_dist_outcome 这一类的函数，在 online document 中有具体介绍文档。

※ 问：Opnet 的输出结果选项“As is”、“Average”、“Time_average”有何区别？

答：在这些选项下得到的曲线不一样：“As is”意为不做任何处理；“Average”意为做算术平均；“Time_average”就是做时间平均。

※ 问：Opnet 中如何删除一个 senario，而保留工程？

答：在 menu→senarios→manage senarios 里做相应操作即可。

※ 问：Opnet 中的 animation 指什么？

答：激活节点变化过程记录功能，并记录 statistic 的变化过程，可以作为动画演示。

※ 问：在 Opnet 的节点域中如何处理模块之间的共享变量？

答：第一种方法：在 HB 中定义全局变量。第二种方法：添加节点属性，然后使用相应的 op_ima_xxx_xxx()函数。

※ 问：在 node interfaces 里面设置属性为 set、promoted 和 hidden 有何区别？

答：hidden 属性可以在仿真时隐藏所选的参数，promoted 可以在仿真的过程中根据需要改变参数的值。

缩略语(Abbreviation)

2 - SS	2 - Staggered Symmetry connection pattern	2 - 错列对称连接模式
3DQ	Three - Dimensional Queuing	三维队列
ABL	Average Burst Length	平均突发长度
AF	Address Filter	地址过滤器
CFSB	Combine Flow Splitter with Byte - Focal	—
CICQ	Combined Input and Crosspoint Queuing	输入和交叉点组合排队
CIOQ	Combined Input and Output Queuing	输入输出组合排队
CNNIC	China Internet Network Information Center	中国互联网络信息中心
DBM	Double - Buffering Mode	双缓冲模式
DFM	Double Feedback Mode	二次反馈模式
DFTS	Double - Feedback - based Two - stage Switch architecture	基于二次反馈的两级交换结构
DQ	Departure Queue	离去队列
DRRM	Dual Round - Robin Matching	—
DTS	Dynamic Threshold Scheme	动态阈值策略
DWDM	Dense Wavelength Division Multiplex	密集波分复用
EaaS	Everything as a Service	万事皆服务
EDF	Earliest Deadline First	最紧迫者优先
EDF	Earliest Departure First	最早离去者优先
EDF - 3DQ	Earliest Deadline First based on 3DQ	支持 3DQ 的最紧迫者优先
EDRRM	Exhaustive Service Dual Round - Robin Matching	—

FCFS	First Come First Served	先来先服务
FDP	Full Duplex Repeater	全双工中继器
FFF	Full Frame First	满帧优先
FFTS	Front-Feedback-based Two-stage Switch architecture	基于前置反馈的两级交换结构
FIFO	First In First Out	先入先出
FOFF	Full Ordered Frame First	有序满帧优先
FTS	Fixed Threshold Scheme	固定阈值策略
FTSA	Feedback - based Two - stage Switch Architecture	基于反馈的两级交换结构
FTSA - 2 - SS	Feedback - based Two - stage Switch Architecture using 2 - Staggered Symmetry connection pattern	应用 2 -错列对称连接模式的 FTSA 结构
HOF	Head of Flow	—
HOL	Head of Line blocking	—
IQ	Input Queuing	输入排队
IoT	Internet of Things	物联网
iRRM	iterative Round - Robin Matching	迭代轮询匹配
ISM	Inertial Serve Mode	惯性服务模式
ISO	International Organization for Standardization	国际标准化组织
I - VOQ	VOQ with Insertion	—
LB	Load Balancing	负载均衡
LB - BvN	Load Balanced Birkhoff - von Neuman switch	—
LB - IFS	Load Balanced switch based onImplicit Flow Splitter	基于隐式 Flow Splitter 的负载均衡交换结构
LQF	Longest Queue First	最长队列优先

MAC	Medium Access Control	介质访问控制
MCBF	Most Critical Buffer First	—
MSM	Maximum Size Matching	最大尺寸匹配
MWM	Maximum Weighted Matching	最大权重匹配
NGI	Next Generation Internet	下一代 Internet
OCF	Oldest Cell First	最老的信元优先
OQ	Output Queuing	输出排队
OSI/RM	Open Systems Interconnection Reference Mode	开放系统互连基本参考模型
PBA	Priority Bitmap Algorithm	优先级位图算法
PB-EDF	Priority Bitmap-based EDF	基于优先级位图的 EDF
PF	Padded Frame	帧填充
PHOL	Pseudo-HOL	伪队首阻塞
PIM	Parallel Iterative Matching	—
QoS	Quality of Service	服务质量
RB	Re-sequencing Buffer	重排序缓存
RR	Round-Robin	轮询模式
RSM	Relay Scheduling Mode	接力调度模式
RTT	Round Trip Time	往返时间
SDS	Space-Division Switching	空分交换
SE	Switching Element	交换单元
SLBA	Smart Load-Balanced switch Architecture	"智能维序"的负载均衡交换结构
SUPA	Single-layer User-data switching & transferring Platform Architecture	单物理层用户数据交换传输平台的体系结构
TC	Tagged Cell	标签信元
TDS	Time-Division Switching	时分交换

TFP	Theoretical Forwarding Path	理论转发路径
VCQ	Virtual Central Queuing	虚拟路径排队
VIQ	Virtual Input Queuing	虚拟输入排队
VOQ	Virtual Output Queuing	虚拟输出排队
WQ	Waiting Queue	等待队列
XP	Crosspoint	交叉开关(交叉点)
XPB	Crosspoint Buffer	交叉点缓存

参考文献

[1] http://www.idc.com

[2] http://cnnic.cn/gywm/xwzx/rdxw/2015/201502/W020150203456823090968.pdf

[3] http://www.huawei.com/cn/

[4] Chang C S, Chen W J, Huang H Y. Birkhoff - von Neumann input buffered crossbar switches. Proceedings of INFOCOM'00, Tel Aviv, Isr, 2000. IEEE, 2000: 1614 - 1623.

[5] Chang C S, Lee D S, Jou Y S. Load balanced Birkhoff - von Neumann switches, part Ⅰ: One - stage buffering. Computer Communications. 2002, 25(6): 611 - 622.

[6] Chang C S, Lee D S, Lien C M. Load balanced Birkhoff - von Neumann switches, part Ⅱ: multi - stage buffering. Computer Communications. 2002, 25(6): 623 - 634.

[7] Keslassy I, Mckeown N. Maintaining packet order in two - stage switches. Proceedings of INFOCOM'02, NewYork, USA, 2002. IEEE, 2002: 1032 - 1041.

[8] Keslassy I, Chuang S T, Yu K, et al. Scaling Internet Routers using optics. Proceedings of ACM SIGCOMM'03, Karlsruhe, Germany, 2003. ACM, 2003: 189 - 200.

[9] Jaramillo J, Milan F, Srikant R. Padded frames: a novel algorithm for stable scheduling in load - balanced switches. IEEE/ACM Transactions on Networking (ToN). 2008, 16(5): 1212 - 1225.

[10] Chang C S, Lee D S, Shih Y J, et al. Mailbox switch: A scalable two - stage switch architecture for conflict resolution of ordered packets. IEEE Transactions on Communications. 2008, 56(1): 136 - 149.

[11] Yu C L, Chang C S, Lee D S. CR switch: A load - balanced switch with contention and reservation. IEEE/ACM Transactions on Networking. 2009, 17(5): 1659 - 1671.

[12] Shen Y, Panwar S S, Chao H J. Design and performance analysis of a practical load - balanced switch. IEEE Transactions on Communications. 2009, 57(8):

2420－2429.

[13] Yeung K L, Hu B, Liu N H. A novel feedback mechanism for load balanced two-stage switches. Proceedings of ICC'07, Glasgow, Scotland, United Kingdom, 2007. IEEE, 2007: 6193－6198.

[14] 申志军,曾华燊, 夏羽. 一种全流程复杂度均为O(1)的负载均衡结构——SLBA 四川大学学报(工程科学版). 2010, 42(6): 245－250.

[15] Shen Zhijun, Zeng Huashen, Gao Zhijiang. CFSB: A Load Balanced Switch Architecture with O(1) Complexity. Proceedings of ICCEE′10, Chengdu, China, 2010. IEEE, 2010: 613－617.

[16] 申志军,曾华燊. 基于隐式 Flow Splitter 的负载均衡交换结构. 计算机研究与发展. 2012, 49(6): 1220－1227.

[17] 申志军,曾华燊, 高志江. 基于二次反馈的两级交换结构. 西南交通大学学报(自然科学版). 2011, 46(5): 814－819.

[18] 申志军, 曾华燊, 高志江. 基于优先级位图的 PB－EDF 算法. 通信学报. 2012, 33(4): 45－53.

[19] 申志军,曾华燊, 夏羽. 基于前置反馈的两级交换结构. 通信学报. 2011, 32(5): 56－62.

[20] 申志军,曾华燊, 高志江. 一种改进的反馈制两级交换结构 FTSA－2－SS. 电子与信息学报. 2011, 33(6): 1319－1325.

[21] 曾华燊. 现代网络通信技术. 成都: 西南交通大学出版社, 2004.

[22] Puzmanova R. 路由与交换. 黄永峰, 周可, 等, 译. 北京: 人民邮电出版社, 2004.

[23] Bin Liu, H. Jonathan Chao. High Performance Switches and Routers. JohnWiley & Sons,Inc. , 2007: 77－89.

[24] Lee H, Kook K, Rim C, et al. A limited shared output buffer switch for ATM. Proceedings of the 4th Internet Conferenceon Data Communication System and their Performance, Barcelona, Spain, 1990. North Holland, 1990: 163－179.

[25] Schultz K J, Gulak P G. CAM-based single-chip shared buffer ATM switch. Proceedings of IEE′94, NewOrleans, Louisiana, 1994. IEEE, 1994: 1190－1195.

[26] Oshima K, Yamanaka H, Saito H, et al. A new ATM switch architecture based on STS－type shared buffering and its implementation. Proceedings of IEICE′92, Yokohama, Japan, 1992. IEEE, 1992: 359－363.

[27] J Garcia－Haro, Jajszczyk A. ATM shared－memory switching architectures. IEEE Network,. 1994, 8(4): 18－26.

[28] K Eng. State of the art in gigabit ATM switching. Proceedings of BSS'95, Poznan, Poland, 1995. IEEE, 1995: 3 - 20.

[29] Kim H S. Design and performance of Multinet switch: A multistage ATM switch architecture with partially shared buffers. IEEE/ACM Transactions on Networking (ToN). 1994, 2(6): 571 - 580.

[30] Fischer W, Fundneider O, Goeldner E H, et al. A scalable ATM switching system architecture. IEEE Journal on Selected Areas in Communications. 1991, 9(8): 1299 - 1307.

[31] Banniza T R, Eilenberger G J, Pauwels B, et al. Design and technology aspects of VLSIs for ATM switches. IEEE Journal on Selected Areas in Communications 1991, 9(8): 1255 - 1264.

[32] Yeh Y S, Hluchyj M, Acampora A. The knockout switch: A simple, modular architecture for high-performance packet switching. IEEE Journal on Selected Areas in Communications. 1987, 5(8): 1274 - 1283.

[33] Pattavina A. Multichannel bandwidth allocation in a broadband packet switch. IEEE Journal on Selected Areas in Communications. 1988, 6(9): 1489 - 1499.

[34] Hluchyj M G and Karol M J. Queueing in high-performance packet switching. IEEE Journal on Selected Areas in Communications. 1988, 6(9): 1587 - 1597.

[35] Liew S C, Lu K W. Performance analysis of asymmetric packet switch modules with channel grouping. Proceedings of INFOCOM'90, San Francisco, California, USA, 1990. IEEE, 1990: 668 - 676.

[36] Oie Y, Murata M, Kubota K, et al. Effect of speedup in nonblocking packet switch. Proceedings of ICC' 89, Boston, Massachusetts, 1989. IEEE, 1989: 410 - 414.

[37] Eng K Y, Karol M J, Yeh Y S. A growable packet (ATM) switch architecture: Design principles and application. IEEE Transactions on Communications. 1992, 40 (2): 423 - 430.

[38] Chao H J. A recursive modular terabit/second ATM switch. IEEE Journal on Selected Areas in Communications. 1991, 9(8): 1161 - 1172.

[39] Demars A. Analysis and simulation of a fair queuing algorithm. Inernetworking : Research and Experience. 1990, 1(1): 3 - 26.

[40] Zhang H. Service disciplines for guaranteed performance service in packet - switching networks. Proceedings of the IEEE. 1995, 83(10): 1374 - 1396.

[41] Karol M J, Hluchyj M, Morgan S. Input versus output queueing on a space - division packet switch. IEEE Transactions on Communications. 1987, 35(12): 1347 - 1356.

[42] Hopcroft J E, Karp R M. An O(n^{5/2}) algorithm for maximum matchings in bipartite graphs. SIAM Journal on Computing. 1973, 2(4): 225 - 231.

[43] Mckeown N W. Scheduling algorithms for input-queued cell switches. Ph. D. Thesis, UC Berkeley, May 1995: 57 - 72.

[44] Mckeown N, Mekkittikul A, Anantharam V, et al. Achieving 100% throughput in an input-queued switch. IEEE Transactions on Communications. 1999, 47(8): 1260 - 1267.

[45] Tassiulas L, Ephremides A. Stability properties of constrained queueing systems and scheduling policies for maximum throughput in multihop radio networks. IEEE Transactions on Automatic Control. 1992, 37(12): 1936 - 1948.

[46] Mekkittikul A, Mckeown N. A practical scheduling algorithm to achieve 100% throughput in input - queued switches. Proceedings of INFOCOM′ 98, San Francisco, CA, USA, 1998. IEEE, 1998: 792 - 799.

[47] Shah D, Kopikare M. Delay bounds for approximate maximum weight matching algorithms for input queued switches. Proceedings of INFOCOM′02, NewYork, 2002. IEEE, 2002: 1024 - 1031.

[48] Anderson T E, Owicki S S, Saxe J B, et al. High-speed switch scheduling for local-area networks. ACM Transactions on Computer Systems (TOCS). 1993, 11(4): 319 - 352.

[49] Mckeown N, Varaiya P, Walrand J. Scheduling cells in an input-queued switch. Electronics Letters. 1993, 29(25): 2174 - 2175.

[50] Mckeown N. The iSLIP scheduling algorithm for input-queued switches. IEEE/ACM Transactions on Networking (ToN). 1999, 7(2): 188 - 201.

[51] Li Y, Panwar S, Chao H J. On the performance of a dual round-robin switch. Proceedings of INFOCOM′ 01, Anchorage, Alaska, 2001. IEEE, 2001: 1688 - 1697.

[52] Serpanos D N, Antoniadis P. FIRM: A class of distributed scheduling algorithms for high-speed ATM switches with multiple input queues. Proceedings of INFOCOM′00, TelAviv, Israel, 2000. IEEE, 2000: 548 - 555.

[53] Chao H J, Park J S. Centralized contention resolution schemes for a large-capacity

optical ATM switch. Proceedings of IEEE/ATM Workshop, Fairfax, Virginia, 1998. IEEE, 1998: 11-16.

[54] Chao H J. Saturn: a terabit packet switch using dual round-robin. IEEE Communications Magazine. 2000, 38(12): 78-84.

[55] Takagi H. Queueing analysis of polling models: an update. Stochastic Analysis of Computer and Communication Systems, 1990. Elsevier Science, 267-318.

[56] Li Y, Panwar S, Chao H J. The dual round robin matching switch with exhaustive service. Proceedings of High Performace Switching and Routing (HPSR'02) Kobe, Japan, 2002. IEEE, 2002: 58-63.

[57] Gupta A L, Georganas N D. Analysis of a packet switch with input and output buffers and speed constraints. Proceedings of INFOCOM'91, BalHarbour, Florida, 1991. IEEE, 1991: 694-700.

[58] Chen J, Stern T E. Throughput analysis, optimal buffer allocation and traffic imbalance study of a generic nonblocking packet switch. IEEE Journal on Selected Areas in Communications. 1991, 9(3): 439-449.

[59] Chuang S T, Goel A, Mckeown N, et al. Matching output queueing with a combined input/output-queued switch. IEEE Journal on Selected Areas in Communications. 1999, 17(6): 1030-1039.

[60] Prabhakar B, Mckeown N. On the speedup required for combined input-and output-queued switching. Automatica. 1999, 35(12): 1909-1920.

[61] Iyer S, Mckeown N. Using constraint sets to achieve delay bounds in CIOQ switches. IEEE Communications Letters. 2003, 7(6): 275-277.

[62] S-T Chuang, A Goel, N Mckeown, et al. Matching output queueing with a combined input/output-queued switch. IEEE Journal on Selected Areas in Communications. 1999, 17(6): 1030-1039.

[63] Chuang S T, Iyer S, Mckeown N. Practical algorithms for performance guarantees in buffered crossbars. Proceedings of INFOCOM'05, 2005. IEEE, 2005: 981-991.

[64] Passas G, Katevenis M. Packet mode scheduling in buffered crossbar (CICQ) switches. Proceedings of High Performance Switching and Routing (HPSR2006), Poznan, Poland, 2006. IEEE, 2006: 105-112.

[65] Nojima S, Tsutsui E, Fukuda H, et al. Integrated services packet network using bus matrix switch. IEEE Journal on Selected Areas in Communications. 1987, 5(8): 1284-1292.

[66] Chuang S T, Iyer S, Mckeown N. Practical algorithm for performance guarantees in buffered crossbars. Proceedings of INFOCOM'05, Miami, Florida, 2005. IEEE, 2005: 981-991.

[67] Doi Y, Yamanaka N. A high-speed ATM switch with input and cross-point buffers. IEICE Transactions on Communications. 1993, 76(3): 310-314.

[68] Katevenis M. Fast switching and fair control of congested flow in broadband networks. IEEE Journal on Selected Areas in Communications. 1987, 5(8): 1315-1326.

[69] Gupta A, Barbosa L O, Georganas N. 16×16 Limited Intermediate Buffer Switch Module for ATM Networks. Proceedings of GLOBECOM'91, 1991. IEEE, 1991: 939-943.

[70] Lin M, Mckeown N. The throughput of a buffered crossbar switch. IEEE Communications Letters. 2005, 9(5): 465-467.

[71] Nabeshima M. Performance evaluation of a combined input-and crosspoint-queued switch. IEICE Transactions on Communications. 2000, E83-B(3): 737-741.

[72] Abel F, Minkenberg C, Luijten R P, et al. A four-terabit packet switch supporting long round-trip times. IEEE Micro Magazine. 2003, 23(1): 10-24.

[73] Stephens D C, Zhang H. Implementing distributed packet fair queueing in a scalable switch architecture. Proceedings of INFOCOM'98, 1998. IEEE, 1998: 282-290.

[74] Katevenis M, Passas G. Variable-size multipacket segments in buffered crossbar (CICQ) architectures. Proceedings of ICC'05, 2005. IEEE, 2005: 999-1004.

[75] Javidi T, Magill R, Hrabik T. A high-throughput scheduling algorithm for a buffered crossbar switch fabric. Proceedings of ICC'01, 2001. IEEE, 2001: 1586-1591.

[76] Dai J G, Prabhakar B. The throughput of data switches with and without speedup. Proceedings of INFOCOM'00, TelAviv,Israel, 2000. IEEE, 2000: 556-564.

[77] Oki E, Yamanaka N. A high-speed ATM switch based on scalable distributed arbitration. IEICE Transactions on Communications. 1997, 80(9): 1372-1376.

[78] Mhamdi L, Hamdi M. MCBF: a high-performance scheduling algorithm for buffered crossbar switches. IEEE Communications Letters. 2003, 7(9): 451-453.

[79] Rojas-Cessa R, Oki E, Jing Z, et al. CIXB-1: Combined input-one-cell-crosspoint buffered switch. Proceedings of 2001 IEEE Workshop on High Performance Switching and Routing, Dallas, TX, United States, 2001. IEEE, 2001: 324-329.

[80] Rojas-Cessa R, Oki E, Chao H J. CIXOB-k: combined input-crosspoint-output buffered packet switch. Proceedings of GLOBECOM′01, SanAntonio, Texas, 2001. IEEE, 2001: 2654-2660.

[81] Goke L R, Lipovski G J. Banyan networks for partitioning multiprocessor systems. the 1st Symp on Computer Architecture, Gainesville, FL, USA, 1973. ACM, 1973: 21-28.

[82] Turner J S. Design of a broadcast packet switching network. IEEE Transactions on Communications. 1988, 36(6): 734-743.

[83] Tobagi F A, Kwok T C. The tandem banyan switching fabric: a simple high-performance fast packet switch. Proceedings of INFOCOM′91, BalHarbour, Florida, 1991. IEEE, 1991: 1245-1253.

[84] Oki E, Jing Z, Rojas-Cessa R, et al. Concurrent round-robin-based dispatching schemes for Clos-network switches. IEEE/ACM Transactions on Networking (ToN). 2002, 10(6): 830-844.

[85] Clos C. A study of non-blocking switching networks. Bell System Technical Journal. 1953, 32(2): 406-424.

[86] Jajszczyk A. Nonblocking, repackable and rearrangeable clos networks: Fifty years of the theory evolution. IEEE Communications Magazine. 2003, 41(10): 28-33.

[87] 陈锡生. ATM交换技术. 北京: 人民邮电出版社, 2000.

[88] Iyer S, Awadallah A, Mckeown N. Analysis of a packet switch with memories running slower than the line-rate. Proceedings of INFOCOM′00, TelAviv, Israel, 2000. IEEE, 2000: 529-537.

[89] Iyer S, Mckeown N. Making parallel packet switches practical. Proceedings of INFOCOM′01, Anchorage, Alaska, 2001. IEEE, 2001: 1680-1687.

[90] Mneimneh S, Sharma V, Siu K Y. Switching using parallel input-output queued switches with no speedup. IEEE/ACM Transactions on Networking (ToN). 2002, 10(5): 653-665.

[91] 孙志刚. 输入缓冲交换开关的多步调度策略. 软件学报. 2001, 12(8): 1170-1176.

[92] 吴俊, 陈晴, 罗军舟. 线路速率缓存的重端口交换机方案及行为分析. 软件学报. 2003, 14(12): 2060-2067.

[93] Lee H I, Seo S W. A practical approach for statistical matching of output queueing. IEEE Journal on Selected Areas in Communications. 2003, 21(4): 616-629.

[94] 任涛, 兰巨龙, 扈红超, 等. 基于CICQ的新型并行交换结构研究. 通信学报. 2010,

31(10): 98 - 107.

[95] 任涛，兰巨龙，扈红超. 可行的基于 CICQ 的并行分组交换结构. 通信学报. 2011, 32(5): 14 - 21.

[96] Haas Z. Thestaggering switch: An electronically controlled optical packet switch. Journal of Lightwave Technology. 1993, 11(5): 925 - 936.

[97] Chiaroni D, Chauzat C, De Bouard D, et al. Sizeability analysis of a high-speed photonic packet switching architecture. Proceedings of the 21st European Conference on Optical Communication (ECOC′95), Brussels, Belgium, 1995. IEEE, 1995: 793 - 796.

[98] Duan G H, Fernandez J, Garabal J. Analysis of ATM wavelength routing systems by exploring their similitude with space division switching. Proceedings of ICC′96, Dallas,Texas, 1996. IEEE, 1996: 1783 - 1787.

[99] Chai Y, Chen J, Choa F, et al. Scalable and modularized optical random-access memories for optical packet-switching networks. Proceedings of CLEO′98, anFrancisco,California, 1998. IEEE, 1998: 397.

[100] Chai Y, Chen J, Zhao X, et al. Optical DRAMS using refreshable WDM loop memories. Proceedings of ECOC′98, Madrid, Spain, 1998. IEEE, 1998: 171 - 172.

[101] Langenhorst R, Eiselt M, Pieper W, et al. Fiber loop optical buffer. Journal of Lightwave Technology. 1996, 14(3): 324 - 335.

[102] Bendelli G, Burzio M, Calzavara M, et al. Photonic ATM switch based on a multiwavelength fiber-loop buffer. Proceedings of OFC′95, SanDiego,California, 1995. Optical Society of America, 1995: 141 - 142.

[103] Yamada Y, Sasayama K, Habara K. Transparent optical-loop memory for optical FDM packet buffering with differential receiver. Proceedings of ECOC′96, Olsa, Norway, 1996. IEEE, 1996: 317 - 320.

[104] Nakamura S, Ueno Y, Tajima K. 168-Gb/s all-optical wavelength conversion with a symmetric-Mach-Zehnder-type switch. IEEE Photonics Technology Letters. 2001, 13(10): 1091 - 1093.

[105] Leuthold J, Mikkelsen B, Raybon G, et al. All-optical wavelength conversion between 10 and 100 Gb/s with SOA delayed-interference configuration. Optical and quantum electronics. 2001, 33(7): 939 - 952.

[106] Arthurs E, Goodman M S, Kobrinski H, et al. HYPASS: an optoelectronic

hybrid packet switching system. IEEE Journal on Selected Areas in Communications. 1988, 6(9): 1500-1510.

[107] Lee T T, Goodman M S, Arthurs E. STAR-TRACK: A broadband optical multicast switch. Bell core Technical Memorandum Abstract. 1989, Volume 90: 7-13.

[108] Cisneros A, Brackett C A. A large ATM switch based on memory switches and optical star couplers. IEEE Journal on Selected Areas in Communications. 1991, 9(8): 1348-1360.

[109] Munter E, Parker L, Kirkby P. A high-capacity ATM switch based on advanced electronic and optical technologies. IEEE Communications Magazine. 1995, 33(11): 64-71.

[110] Nakahira Y, Inoue H, Shiraishi Y. Evaluation of photonic ATM switch architecture-proposal of a new switch architecture. Proceedings of International Switching Symposium, Berlin, Germany, 1995. IEEE, 1995: 128-132.

[111] Chao H J, Wang T S. Design of an optical interconnection network for Terabit IP router. Proceedings of LEOS' 98, Orlando, Florida, 1998. IEEE, 1998: 233-234.

[112] Young M G, Koren U, Miller B I, et al. A 16x1 wavelength division multiplexer with integrated distributed Bragg reflector lasers and electroabsorption modulators. IEEE Photonics Technology Letters. 1993, Volume 5: 908-910.

[113] Ishida O, Takahashi H, Inoue Y. Digitally tunable optical filters using arrayed-waveguide grating (AWG) multiplexers and optical switches. Journal of Lightwave Technology. 1997, 15(2): 321-327.

[114] Chan C K, Sherman K L, Zirngibl M. A fast 100-channel wavelength-tunable transmitter for optical packet switching. IEEE Photonics Technology Letters. 2001, 13(7): 729-731.

[115] Tamura K, Inoue Y, Sato K, et al. A discretely tunable mode-locked laser with 32 wavelengths and 100-GHz channel spacing using an arrayed waveguide grating. IEEE Photonics Technology Letters. 2001, 13(11): 1227-1229.

[116] Tse E S. Switch fabric design for high performance IP routers: a survey. Journal of Systems Architecture. 2005, 51(10): 571-601.

[117] Duato J, Yalamanchili S, Ni L M. Interconnection networks: an engineering approach(second edition). Morgan Kaufmann Publishers, 2003.

[118] Dally W J. Performance Analysis of k-ary n-cube Interconnection Networks. IEEE Transactions on Computers. 1990, 39(6): 775-785.

[119] Saad Y, Schultz M H. Topological properties of hypercubes. IEEE Transactions on Computers. 1988, 37(7): 867-872.

[120] Mackenzie L, Ould-Khaoua M, Sutherland R, et al., COBRA: A high-performance interconnection network for large multicomputers, Technical Report 119/R19, Computer Science Department, University of Glasgow, 1991.

[121] Petersen K. Ergodic Theory. Cambridge University Press, 1983.

[122] 唐应辉，唐小我. 排队论：基础与分析技术. 北京：科学出版社，2006.

[123] Schwartz M. Broadband integrated networks. Prentice Hall PTR, Upper Saddle River, NJ, 1996: 190-200.

[124] Little J D. A proof of the queuing formula: $L=\lambda W$. Operations Research. 1961, 9(3): 383-387.

[125] Labrosse J J. MicroC/OS-Ⅱ: the real-time kernel. Newnes, 2002.

[126] Labrosse J J. 嵌入式实时操作系统 μC/OS-Ⅱ. 邵贝贝，译. 北京：北京航空航天大学出版社，2003.

[127] 潘健，罗滨，周宇，等. μC/OS-Ⅱ优先级位图算法的扩展. 计算机科学(专刊). 2006, 33: 427-429.